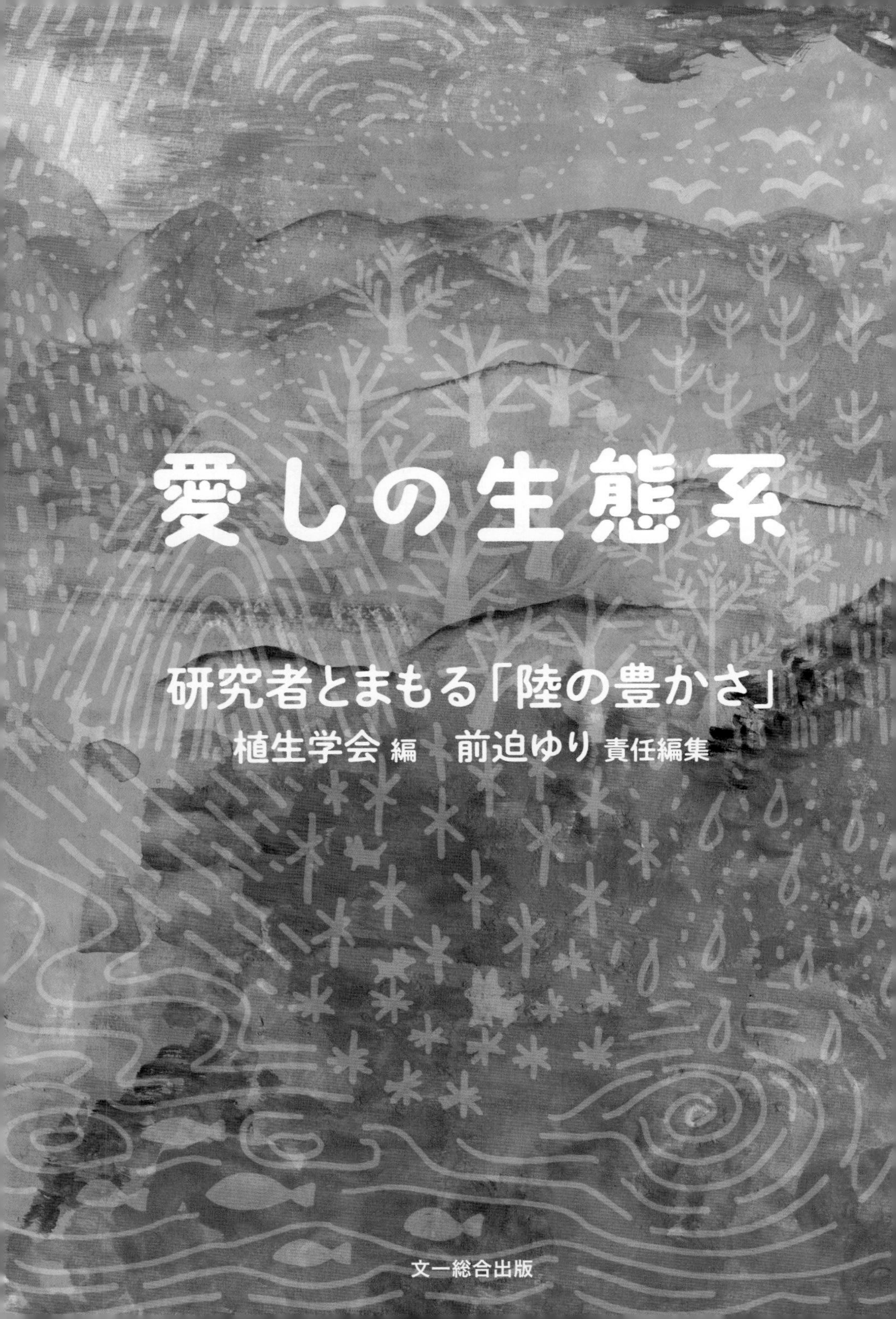

愛しの生態系

研究者とまもる「陸の豊かさ」

植生学会 編　前迫ゆり 責任編集

文一総合出版

はじめに

植物たちはなぜそこにいる？ 植生学入門

樹木、草、コケ、水草などの植物たちは、地表面、場合によっては水面も覆うように生育しています。このような、ある場所に生育する植物の集団を「植生」と呼びます。それは、植物たちが自然界で生きている姿そのものです。

植生を「ブナ林」、「ススキ草原」など、まとまりのあるものとしてとらえて「群落」と呼ぶこともあります。まとまりや単位性のある植生に対しては、学術的な発表を通じて正式な名前もつけられます（その場合は、「群集」という名称が用いられます）。群集の名前は、たとえば「ホソバカナワラビ－スダジイ群集」というように、樹林の大勢を占める優占種（スダジイ）と特徴的に生育する種（ホソバカナワラビ）によってつけられます。植生をまとまりとして、さらには名前のあるものとして認識することは、自然を秩序だてて理解するうえで大きな手助けになります。

私たちの身のまわりには、畑、街路樹、植林地のように、人が植えてできた緑がたくさんあります。植生が自然界で生きている植物を指すのだとしたら、こうした緑は植生ではないのでしょうか？　いいえ、畑、水田、街路樹の植えマスに生育する雑草たちの集まりも植生です。植生学には、「畑雑草群落」という言葉があります。人がつくった場所に生える雑草も研究の対象なのです。

この本は、この植生学という科学に取り組んでいる研究者が集まって執筆しました。植生学の特色は、植生や植物の立場から、自然や生態系、さらには人の営みをとらえることです。植生の広がり方や、なぜそこにその植生があるのかという植生の成立機構を明らかにし、植生の保全と持続的利用に貢献する。これが、植生学の学問的な使命です。

植生学では、ある植生にどんな種が生育しているのかを知るのも重要です。植生学者は、「亜高山帯性常緑針葉樹林」と聞けば、コメツガ、シラビソなどの優占種の樹木だけでなく、ゴゼンタチバナやシラネワラビなど、森の中に生きる草本たちも一緒に思い描きます。植物種の組み合わせ（種組成）によって自然を認識することが習い性になっているのです。この本では、「植生のおもしろさと大切さ」を伝えたかったので、登場させる種名は最小限にとどめました。それでも、知らない植物の種名がたくさん出て来るでしょう。幸い、日本には多くの良い植物図鑑があり、ネット上でも美しい写真を見つけることができます。それらを活用して、植生学者目線を疑似体験してみてください。姿形だけでなく、かれらがつくる植生についてより詳しく知りたくなった方は、ぜひ、それぞれの引用文献も参照してください。

わが国には2万5千分の1の縮尺で全国の植生図があり、生物多様性センターのウェブサイトで公開されているのをご存じでしょうか。単に衛星画像を解析しただけではなく、現地調査と種組成に照らし合わせて作られた、世界にも誇れる高精度の植生図です。実はこれも、植生学の成果です。植生を植生を系統だてて整理して類型化（タイプ分け）し、植生図として整理することが、植生研究の基本の一つだからです。この本の記事でも、植生タイプの位置づけが重視されています。

この本は、大きく二つのパートに分かれています。まず、執筆者がそれぞれの「愛しい生態系」を独自の視点で紹介します。どれも植生という視点から自然全体や自然と人との関係へとテーマを広げ、生態系を包括的にとらえた「愛しい生態系」の姿が描かれています。執筆者各自が、植生そのものや植生タイプだけではなく、それを取り巻く環境や人とのかかわり、また、時とともに変化するありさまに興味を抱いて研究していることを理解していただけるでしょう。とりあげるのは、全国30地域。有名なものだけでなく、初めて聞くようなものやごく身近な断片的な植生も含まれていますが、多様な日本の植生を概観しようと、考えに考え抜いて厳選しました。並び順を気にせず、気になったところから読み進めてください。

そのあとに、日本の植生についての解説があります。分布や成立機構に加え、100年後の変化予測、温暖化や外来種の影響などもとりあげました。

気候変動、里山の放棄、野生鳥獣の局所的増加、景勝地の過剰利用、外来種の侵入など、日本の自然は多くの脅威に直面しています。この本で紹介した「愛しの生態系」を次世代に残すためには、私たちが直面する課題に向き合い、解決策を模索することが必要です。この本が「愛しい生態系」への深い理解につながり、生態系の保全につながることを願っています。

2022年12月

上條隆志・前迫ゆり

目次

はじめに

世界自然遺産の生態系

屋久島
雨の島のすごい照葉樹林　石田 弘明　6

奄美大島
本州や九州と似ているけどちがう照葉樹林　川西 基博　12

小笠原諸島
生きものの進化過程が見える乾性低木林　上條 隆志　18

知床
シカを減らすとどうなるか？　石川 幸男　24

白神山地
深きブナの森に囲まれた
小さなお花畑　山岸 洋貴・石川 幸男　32

火山の国の植物たち

富士山
森林限界は上昇する　崎尾 均・増澤 武弘　38

桜島
溶岩がつくる一次遷移のタイムラプス　川西 基博　44

三宅島・御蔵島（伊豆諸島）
火山と照葉樹林の島々　上條 隆志　50

海と植物

山陰海岸・鳥取砂丘
砂丘の植物をどう守る？ 今とこれから　黒田 有寿茂・永松 大　56

佐渡島
風雪が作り出した芸術作品―異形の天然スギ　崎尾 均　62

東日本大震災の被災海岸
大津波から、着々と回復中　島田 直明・平吹 喜彦　68

寒さと植物

石鎚山
西日本最高峰に残された森林と草原　比嘉 基紀　74

北アルプス
上高地と乗鞍、違いを比べてみよう　島野 光司　80

八ヶ岳
氷期から現在へ
～生きた化石たちが語る日本の植生変遷～　設樂 拓人　86

後立山のお花畑
高山のお花畑　植物たちの逃避地　石田 祐子　92

青葉山
仙台城の御裏林・青葉山　永松 大　98

樹木のない自然

都井岬
続かないはずの放牧が300年以上続いた草地の謎　西脇 亜也　104

伊豆大島（伊豆諸島）
日本に砂漠？ 自然の変化を見守る楽しみ　川田 清和・上條 隆志　110

尾瀬
変わりゆく湿原植物の宝庫　吉川 正人　116

小清水原生花園
野焼きで守る元祖原生花園　津田 智　122

釧路湿原・霧多布湿原・根室半島
道東湿原めぐり　加藤 ゆき恵・冨士田 裕子　128

シカの脅威を考える

大台ヶ原
樹木とササとシカの相互作用が森林を変える　中静 透　136

特別天然記念物・春日山原始林
文化を育む照葉樹林とシカの葛藤　前迫 ゆり　142

綾の照葉樹林
残された綾の照葉樹林　山川 博美・伊藤 哲　148

人のくらしとともに

阿蘇の草原
阿蘇に広がる草原の植物のすみ場所をつくるさまざまな攪乱　横川 昌史・増井 太樹　154

但馬・淡路島
棚田の畦畔を彩る植物　松村 俊和・澤田 佳宏　160

淡路島
ため池の淡路島
文化的景観と生態系を残したい　澤田 佳宏　166

冠島
オオミズナギドリと島の森　前迫 ゆり　172

静岡県の茶草場、武蔵野の雑木林
農業により育まれる二次的自然
〜日本・世界農業遺産認定地から〜　楠本 良延　178

長野県の牧の入茅場
茅を育て、文化を守り伝える草原　井田 秀行　184

解説編

日本の植生分布　吉川 正人　192

二次的生態系と攪乱　津田 智　198

日本の植生の過去、現在、未来　松井 哲哉　202

外来種の植生への影響　前迫 ゆり・鷲谷 いづみ　208

おわりに

用語解説　214

執筆者紹介　222

引用文献　227

雨の島のすごい照葉樹林

屋久島

石田弘明

屋久島の低地部でみられる照葉樹林。スダジイが優占している。ただし、より標高の高い場所ではウラジロガシ、イスノキなどが優占し、海に近い場所ではタブノキ、ヤブニッケイなどが優占している

日本で初めて世界自然遺産に登録された島。
一年を通して多くの雨が降る。
その多量の雨が、
驚くほど多様な植物を育む
豊かな照葉樹林を支えている。
しかし今、その照葉樹林が
ヤクシカの脅威にさらされている。
この貴重な森を護り続けるために、
何ができるのだろう。

世界自然遺産になった「雨の島」

１９９３年12月、屋久島は白神山地とともに、日本初の世界自然遺産に登録されました。屋久島の素晴らしい自然が世界レベルのものであることが公式に認められたのです。当時大学生だった私は

「洋上アルプス」と呼ばれる山々。花崗岩の隆起によって形成されました

このニュースを聞き、体が震えるような感動と喜びを覚えました。

屋久島は鹿児島県佐多岬から南方約60キロメートルの海上に位置する、人の住む島です。島の形はほぼ円形。面積は約５０５平方キロ、周囲は約１３２キロ。最も高い山は宮之浦岳（１９３６メートル）で、実は九州最高峰です。島の中央部には「洋上アルプス」とよばれる標高１０００メートル以上の山々が連なり、急峻な山岳地帯を形成しています。このような環境の中で屋久島独特の山岳信仰が育まれ、これらの山々は古くから神々の宿る聖なる山とされてきました。また、屋久島は「ひと月に35日雨が降る」といわれるほど雨の多い島で、山岳地帯の年降水量は１００００ミリに達しています①。屋久島の素晴らしい自然は多量の雨によって支えられているのです。

多くの雨が降る屋久島には見応えのある滝がたくさんあります

屋久島の照葉樹林はすごい

屋久島には、縄文杉や屋久杉で知られる、スギの優占する広大な自然林が分布しています。スギ林は屋久島の自然を特徴づけるたいへん重要な存在です。しかし、屋久島の標高1000メートル以下の場所はスギ林とは異なる森林に広く覆われています②。この森林は照葉樹林とよばれています。

照葉樹林は熱帯雨林や硬葉樹林と並ぶ世界的に有名な常緑広葉樹林で、亜熱帯・暖温帯の雨の多い地域に分布します。

日本で照葉樹林があるのは、最寒月（1月）の月平均気温が-1℃を上回る地域です②。日本を代表する森林の一つでもあり、縄文時代晩期の3000年前には東北地方以西の低地帯を広く覆っていました③。しかし、今では自然性の高い照葉樹林はごくわずかしかみられません。全盛期の0・06パーセント程度しか残っていないといわれているほどです④。

どうしてこのようなことになってしまったのでしょうか。理由は、数千年にわたるさまざまな人間活動によって破壊されてしまったからです。ところが、屋久島には自然性の高い照葉樹林がまとまった面積で残っています。中には、直径1メートル以上の巨木がそびえ立つ非常に発達したものもみられます。このような照葉樹林の姿は雄大かつ神秘的で、悠久の時の流れを感じさせてくれます。

スギの優占する自然林。標高1000メートル以上の場所に広く分布しています

照葉樹林を構成する植物種を「照葉樹林構成種」といいます。九州本土以北には479種の照葉樹林構成種が分布していると報告されています⑤。では、屋久島には何種の照葉樹林構成種が分布しているのでしょうか。

調べたところ、九州本土以北の総種数に匹敵す

照葉樹林を構成する巨木にはさまざまな植物が着生しています

スダジイの巨木。スダジイは屋久島の照葉樹林の代表的な優占種です

る466種という結果が得られました。九州本土以北には亜熱帯系の照葉樹林構成種は少ないのですが、屋久島では数多くみられます。ですから私は、屋久島に分布する照葉樹林構成種の種数はさぞかし多いだろうと想像していました。でも、これほど多いとは！　調べた結果は、想像をはるかに超えていました。

では、単位面積あたりの種数はどれほど多いのでしょうか。この点を明らかにするため、なかまたちと一緒に島内のいろいろな場所で照葉樹林（スダジイ林）を調査したことがあります。

まず、林内に100平方メートル（10メートル×10メートル）の調査区をいくつかつくり、その中の樹林の階層を区分します。この調査のときは、植物が葉を広げている高さなどに注目して、5つまたは4つの階層に分けることにしました。

次に、階層ごとにすべての植物の名前と被度を記録します。被度というのは、調査区内に生育している植物の体を地表面に投影したときの面積の割合のこと。その調査区の中で、植物たちがどのように空間を分け合っているかを知ろうというわけです。

背の高い木やそれにくっついている着生植物やつる植物は、葉を直接観察することができないので、名前を調べるのはたいへんでした。高倍率の双眼鏡を使って葉を観察したり、地面に落ちている葉を探したりします。大きさが数センチ以下のごく小さな植物も全て調べました。そのため、一つの調査区を終わらせるのに1時間以上かかることも少なくありませんでした。

このようにして得られたデータを解析したところ、一つの調査区に出現する植物の種数は平均で55・9種であることがわかりました⑥。また、屋久島の照葉樹林は周辺の島々（黒島、口之島、中之島）に分布する照葉樹林や九州本土以北に分布する照葉樹林よりも単位面積あたりの出現種数が多い傾向がみられました⑥。

種数は種多様性（生物の種が多様であること）の尺度の一つです。島全体を対象としたときの種数や単位面積あたりの種数の多さは、屋久島の照葉樹林の種多様性がいかに高いかを雄弁に物語っています。

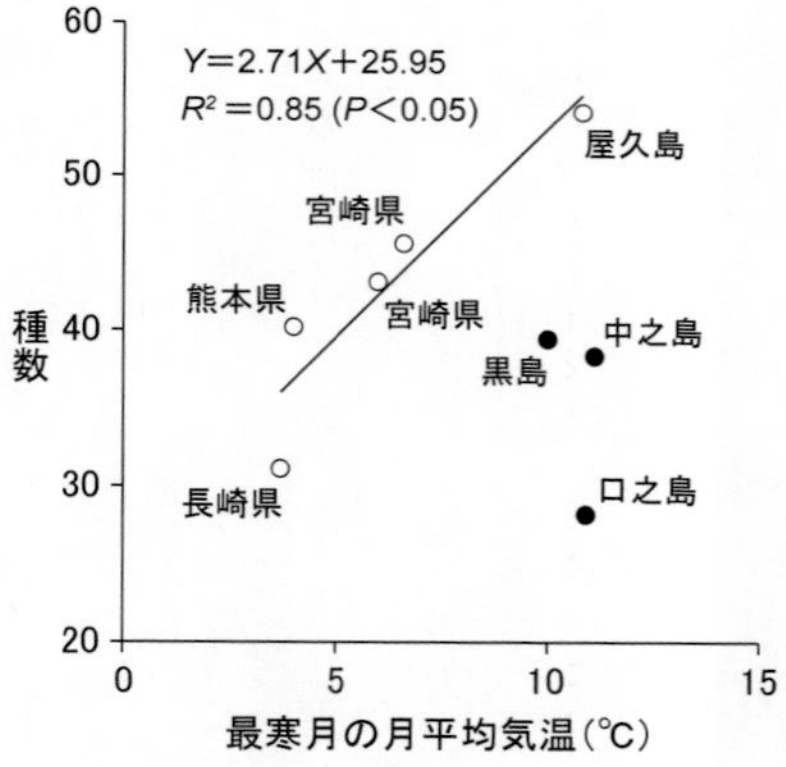

調査区あたりの照葉樹林構成種数と最寒月の月平均気温との関係

鹿児島県（屋久島、黒島、口之島、中之島）、宮崎県、熊本県、長崎県の自然性の高い照葉樹林で実施された植生調査のデータをもとに、調査区（100平方メートル）あたりの照葉樹林構成種数と最寒月の月平均気温との関係を調べました（いずれの変数も複数の調査区の平均値）。このうちの屋久島、宮崎県（2か所）、熊本県、長崎県のデータを用いて単回帰分析を実施したところ、両変数の間に強い正の有意な相関が認められました。この解析によって得られた回帰直線、回帰式、決定係数（R^2）、有意確率（P）を図中に示しました

植生学メモ
【被度】例えば「スダジイの被度が50%」は、その調査区のある階層にあるスダジイ全個体の投影面積が、調査区全体の面積の50%であるという意味。その調査区の半分をスダジイが占めていることがわかります。

ヤクシカの脅威

しかし近年、この照葉樹林の種多様性の低下が大きな問題となっています。理由は、ヤクシカ（ニホンジカの亜種）が増えすぎて、植物を食べつくしてしまうからです。私たちは、照葉樹林に対するヤクシカの影響を調べるために、ヤクシカの生息密度（単位面積あたりの個体数。以下、シカ密度とよぶことにします）が異なるいろいろな場所で照葉樹林の植生調査を行いました。その結果、シカ密度の高い照葉樹林の林床には植物がわずかしか生育していないことがわかりました⑦。林床植物のほとんどをヤクシカが食べてしまったからです。また、調査区あたりの植物種数とシカ密度の関係を解析したところ、照葉樹林の種多様性はヤクシカの採食によってほぼ半減してしまうことが明らかとなりました⑦。屋久島の照葉樹林は今や危機的な状況にあるといえるでしょう。

屋久島の照葉樹林は「世界の宝」です。この貴重な自然を護り続けるためには、ヤクシカの個体数が増えすぎないよう、その個体数を狩猟によって適切にコントロールすることが必要です。また、照葉樹林の周りに防鹿柵（シカの侵入を防ぐ柵）を設置することも重要です。素晴らしい照葉樹林を未来に継承できるかどうかは、このような取り組みにかかっています。

ヤクシカの採食によって林床が裸地化した照葉樹林

照葉樹林の林内で出くわした2匹のヤクシカ

奄美大島

本州や九州と似ているけどちがう照葉樹林

川西 基博

アマミノクロウサギや
ルリカケスが生息する奄美大島には、
固有の植物が数多く生育する。
絶滅危惧種も少なくない。
巨木が残る森林では、
木の幹や枝にさまざまな着生植物がまとわり、
林床を巨大なシダ植物が覆っている。
多様性と固有性の高い奄美の森は
世界自然遺産となり、
その保全と持続可能な管理が望まれている。

世界自然遺産・奄美の森

奄美大島の森の中を歩いていると、ギャーギャーとけたたましい鳥の声が聞こえることがあります。川沿いの岩場では、親指の先ほどの丸い糞がたくさん落ちているのに気づきます。声の主はルリカケス。丸い糞はアマミノクロウサギのもの。奄美の固有動物の気配をすぐそばに感じる瞬間です。

アマミノクロウサギの糞から鬱蒼とした森の植物に目を転じると、地面を覆う巨大なシダ植物や、木の幹や枝にからみつくさまざまなつる植物に気づきます。歩き続ければ、ときおり一抱えもあるような太い木に出合い、着生植物がみっしりと着いているようすもみられます。本州・九州の森林とは明らかに違い、多様性の高さが実感できます。

「奄美大島、徳之島、沖縄島北部及び西表島」は、２０２１年７月世界自然遺産に登録されました。これらの島々は南西諸島の中琉球と南琉球に位置し、亜熱帯とよばれる気候と島のなりたちとに関連した独特な生物や生態系がみられます。

調査区のセンサーカメラに映ったアマミノクロウサギ（藤田志歩氏、鈴木真理子氏提供）

マングローブを構成する樹種は北ほど少なくなる。奄美大島ではオヒルギとメヒルギのみだ

植生学メモ　ハブ対策に導入された外来種マングースによるアマミノクロウサギの捕食は大きな問題となりました。その対策の駆除事業により、マングースの捕獲頭数は2019年に0となりました。2022年時点でも0が継続しています。

ヒカゲヘゴは樹高が8mにもなる木性シダ植物で、奄美の観光ポスターによく起用されている

私が奄美大島で本格的な研究を始めるきっかけは、2010年に発生した奄美豪雨災害の影響を評価するための研究プロジェクトでした。このプロジェクトに参加し、洪水が河川沿いの植生をどの程度破壊したかを調べるために、河口から源流域まで河川全域の植生を調査したのです。

日本の南国、亜熱帯の島の植物といえば、ヤシ類、アコウやガジュマル、シダのなかまのヘゴ類、河口域のマングローブの樹木などが思い浮かぶのではないでしょうか。まさにその河口域のマングローブからスタートし、川を下流から上流側へとさかのぼりながら調査をしていくと、いつしか谷間の斜面が見覚えのある森林になっていることに気づきました。それは、ドングリをつけるシイ類、カシ類、およびタブノキなどからなる「照葉樹林」でした。マングローブやヘゴ類のつくる独特な森はエキゾチックで、奄美、沖縄のイメージにぴったりですが、実は世界自然遺産エリアの大部分は、この照葉樹林のある地域なのです。

奄美大島の照葉樹林は右下の写真のような雰囲気です。

遠くからみると、本州や九州の低地の森林と、大きな違いがないようにみえます。それは、シイ類、カシ類、タブノキ、イスノキなど森林をつくっている主な樹木が、本州九州の低地の暖温帯の照葉樹林と共通するためです①。ただし、南西諸島の照葉樹林には、南方起源の植物や南西諸島、あるいは各島の固有の植物も生育していて、林内の種の

奄美大島神屋国有林の照葉樹林

植生学メモ
マングース駆除が進み、アマミトゲネズミ、カエル類などの在来種の個体数は回復にあり、分布の拡大も確認できました。が、ノネコなど新たな外来種が問題になっています。今、その防除が進められています⑮。

イジュ（ツバキ科）

組み合わせ（「種組成」といいます）は独特です[2]。このことが世界遺産の登録理由になっているほどです。

例えば、奄美大島では森林の最も上に枝葉を広げている高木層の樹木として、オキナワジイ、ウラジロガシ、アマミアラカシ、ところによってオキナワウラジロガシなどがみられます。また、イジュ、フシノハアワブキ、シマウリカエデ、シマサルスベリなどの高木種や、リュウキュウルリミノキ、シマミサオノキなどのアカネ科の低木、ミヤマシロバイ、アマシバなどのハイノキ科樹種など、本州九州の照葉樹林では見られない樹木が生育します[3][4]。

生物多様性をどのように保全するのか

環境省によると、世界遺産地域は「多くの固有種や絶滅危惧種を含み、生物多様性の生息域内保全にとって最も重要」と説明されています。固有種や絶滅危惧種はどのような場所に生育しているのでしょうか。このことが明らかになれば、奄美の多様な森林のなりたちを理解し、さらには遺産地域の保全に効果的な管理方法を検討することができます。

奄美大島では、戦前戦後の開墾や1970年代初頭をピークとした木材チップ生産によって、広範囲の森林が伐採を経験しています[5]。また、世界自然遺産の登録地では、推薦地（人為的干渉を最小限に抑える地域）の周辺に、観光や農林業等の人為的活動との共存を図り、推薦地の保全・管理に必要な補完的な対策を講じる緩衝地帯が設けられました。このため、推薦地域内でも伐採を経験した二次林が少なくなく[6]、緩衝地帯では生物多様性保全と森林利用を両立していかなければなりません。森林伐採の影響が植物の多様性にどの程度影響しているのか、気になるところです。ま

植生学メモ　オキナワジイは分類の基準が微妙で、本州から九州にかけて分布するコジイまたはスダジイと区別しない考え方もあります。

た、山地の森林の場合、ふつう尾根と谷では環境が違うので、それぞれ異なる植物が森林をつくることが知られています⑦⑧⑨⑩。奄美大島の森林ではどのようにちがうのか、あるいはちがわないのかにも興味がわきました。

そこで、「伐採地」と「非伐採地」、および、谷底に接する「斜面下部」と、尾根付近の「斜面上部」⑪に調査区を設置し、維管束植物の種の多様性を比較したところ、図の結果を得ることができました。

この結果では、種の多様性を「種密度」で比較しています。全種を比較すると、非伐採地では斜面上部よりも下部で種密度が大きくなっていますが、伐採地ではこうした違いはありませんでした。また、絶滅危惧種は斜面下部、特に非伐採地で種密度が大きいことが示されました。この結果は、谷底に近い斜面下部で林床の草本植物や着生植物が多いこと、その中に絶滅危惧種が多いことを反映していることが別の解析結果からわかりました。

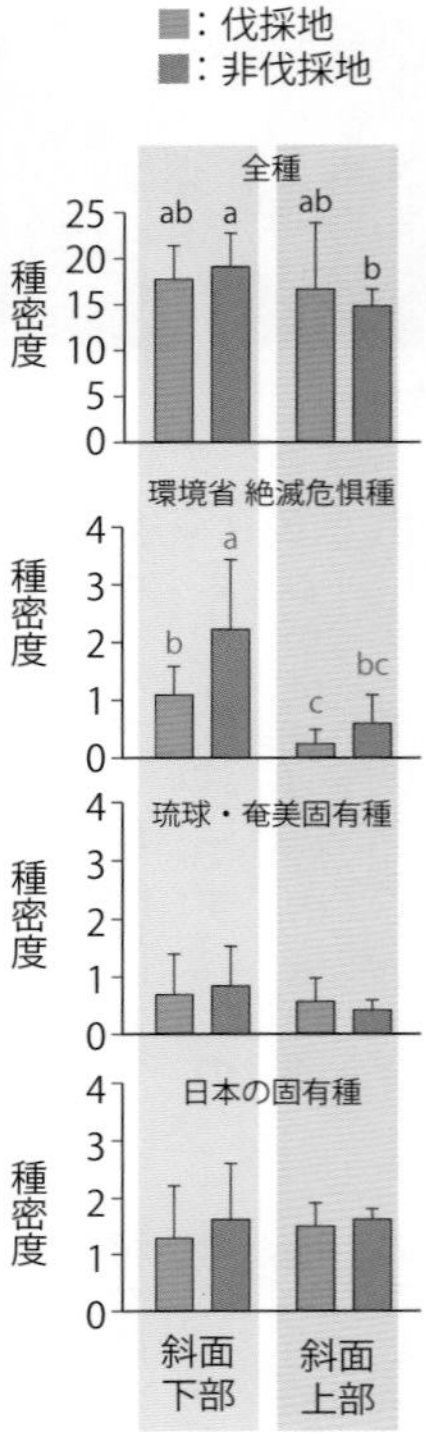

絶滅危惧種と固有種の種密度（d）の平均値。誤差線は標準偏差を示す。異なるアルファベットが付された要素間は統計解析による有意差（P<0.05）があることを示す。谷底に接する斜面下部と尾根付近の斜面上部に調査区を設置した。伐採地は1946年以降伐採の痕跡が確認された森林、非伐採地は伐採の記録がなく林齢が100年程度かそれ以上と推定された森林である⑯。

着生植物のキバナノセッコク（ラン科、左）とヨウラクヒバ（ヒカゲノカズラ科、右）。いずれも絶滅危惧種に指定されている

植生学メモ　奄美大島では常緑広葉樹の天然更新（35～45年周期）によるチップ生産が1960年代から盛んに行われてきました。皆伐して得られた木材をパルプの原料にします。

　着生植物は、大径木（直径の大きな樹木個体）に大きく依存していることが、さまざまな研究から明らかにされています[12][13]。そのため、大径木を多く含む発達した森林（特に谷部の）が一度に失われると、その地域から着生植物が絶滅する可能性が高まると考えられます。このことは、谷部の発達した森林の保全が、種多様性の維持に極めて重要であることを意味します。

　一方、琉球・奄美の固有種、および日本の固有種は、伐採歴、微地形の違いで種密度の差がありませんでした。これは、それぞれの環境に適応した固有種が生育するためでした。例えば、奄美群島の固有種であるアマミシダ、フジノカンアオイなどは沢沿いの暗い照葉樹林内に生育します。またオオシマウツギ、シマウリカエデ、オオシマガマズミなどは、河川沿いや森林が撹乱《かくらん》されて生じた明るい環境を好む傾向があります[14]。発達した森林と、それが破壊されて生じた明るい立地の、双方の環境に適応した固有種が生育しており、高い種の多様性を維持するためには森林の破壊と再生のバランスが重要となるようです。種多様性の核となる発達した森林を保護しながら、一方でどこの森林をどのように利用していくべきなのか。適切な森林保全の具体的な方法を考え、実施していくことが今後の課題です。

地表がシダ植物に覆われる渓谷の森林

フジノカンアオイ（ウマノスズクサ科）

オオシマウツギ（アジサイ科）

小笠原諸島

生きものの進化過程が見える乾性低木林

上條 隆志

媒島を離れ、父島に向かう。媒島はいまは無人だが、かつては人々が暮らしを営んでいた島で、原生自然の島ではない。しかし、いつの時代かに移り住み、進化を遂げてきたかけがえのない生きものたちが今もいる。小笠原諸島の島々は、本州から1000キロ近く離れている。島にすむ生きものたちはどうやってここにたどり着いたのだろう

地球上どこを探しても、ほかにはいない。
そんな生物種を「固有種」という。
海底火山の噴火と海底からの
隆起でできた小笠原諸島は、
今まで一度もほかの陸地と
陸続きになったことがない。
そこでは大海を越えてたどり着いた祖先から
独自の進化の結果生まれた
固有種が独特の生態系をつくっている。
なかでも、乾燥がちな場所に成立する
背の低い森、乾性低木林には興味が尽きない。
そこでみられる植物の
進化の歴史をたどってみよう。

日本の亜熱帯

日本の亜熱帯といえば、思いつくのは琉球列島と、そして小笠原諸島だろう。同じ亜熱帯の島なので、どちらにもよく似た種が生育し似たような植生が成立しているはず……と思えるが、実際にはよく似ているとはいい難い。琉球列島の主要樹種であるシイ類、タブノキ、カシ類は、小笠原には分布しない①。その一方で、小笠原にはシマイスノキのように、世界でも小笠原にしか分布しない樹種が多い①。

その理由は、島ができるまでの歴史のちがいにある。小笠原は、噴火や海底噴火後の隆起活動などで成立した海洋島で②、本州のような大きな島や大陸などと陸続きになったことはない。一方、琉球列島は、かつては九州、台湾、中国南部などと陸続きであった大陸島である③。琉球列島では、陸続きだった時代に他の地域から植物などの生物が移動してこられたのに対して、小笠原では陸続きに移動してくる機会は全くなかった。現在、小笠原に生育する植物は、大海原を越えて島にやってきたものたちだ。そして、小笠原に定着した植物は、他地域の同じ種と交配することなく世代を重ね、固有種、すなわち世界で小笠原にしか生育しない種になったのである。

乾性低木林

個性的な島々からなる小笠原諸島

　小笠原諸島は、聟島《むこ》列島（聟島や媒島《なこうど》など）、父島列島（父島、兄島、南島など）、西之島、母島列島（母島、姉島など）、火山列島（硫黄島や南硫黄島など）からなる。島々は大きさや高さ（最高地点）だけでなく、成立年代も異なる。父島列島や母島列島が数千万年前に成立したのに対して、西之島や火山列島の硫黄島は現在も活発な火山活動を続けている。また、父島、母島、硫黄島以外は現在無人島であるが、かつては多くの島で人々が暮らしていた。人が暮らしていなかった唯一の大型の島である南硫黄島は、原生自然環境保全地域に指定されている。気候的には亜熱帯となるが、同じ亜熱帯の琉球と比べて降水量は少なく④、基

原生自然の島、南硫黄島（2019年9月）

岩が露出した立地や乾燥する尾根には、小笠原諸島以外の地域ではみられない、高さ4～8メートルの乾性低木林とよばれる独特の植生が成立する。最も広く分布するのは兄島と父島で、島は大きいが島で最も高い部分の標高が低いという特徴がある。母島や南硫黄島のように最高地点の高い島山では雲霧が発生しやすく、湿性の森もみられる。

乾性低木林の魅力

　乾性低木林は文字通り低木林であり、決して巨樹の森ではない。しかし、シマイスノキ、テリハハマボウ、ムニンシャシャンボなどの固有種が多く、極めて特徴的な群落である⑤。小笠原の湿性立地に成立する高木林では、琉球と共通するウドノキやモクタチバナが主要構成種であるのと対照的である。

　このような乾性低木林の高い固有性は、現在の立地条件だけでは理解できない不思議な特徴であ

る。小笠原諸島で植生を長年研究してきた駒澤大学の清水善和先生は、乾性低木林は起源がとても古い群落で、父島や兄島がより大型で最高地点も高く、雲霧の発生等によって湿潤だった時代に成立した森林に起源するという仮説を立てている⑥。その後風雨の浸食等で山が削られ、島は次第に低標高になって乾燥化していき、森林の植物が変化した環境に適応してきた結果、現在の乾性低木林が成立したという考えである⑥。

この乾性低木林の優占種シマイスノキは、本州から九州、琉球、台湾、中国大陸部の南部に生育す

湿性な森林に生育するウドノキ
(媒島、2021年11月)

テリハハマボウ(父島、2022年7月)

シマイスノキ。花をつけている
(父島、2021年11月)

乾性低木林の調査例(清水, 2018を参考に作成)
樹冠の面積割合が1%以上の樹種の割合(%)

種名	小笠原諸島の固有種	環境省の絶滅危惧種	面積割合(%)
ムニンヒメツバキ	○		31.0
アカテツ			16.8
シマイスノキ	○		11.2
ヒメフトモモ	○	VU	8.4
タコノキ	○		4.9
ムニンイヌツゲ	○	VU	3.9
ムニンゴシュユ	○	VU	2.5
シマタイミンタチバナ	○	VU	1.7
シマホルトノキ	○		1.2
テリハハマボウ	○		1.1
オガサワラボチョウジ	○	VU	1.0

るイスノキの近縁種である。両種の生態は大きく異なり、イスノキは照葉樹林や亜熱帯林の高木性樹種で樹高は20メートルにも達するのに対し、シマイスノキの樹高は2～5メートルと低い[7]。イスノキとシマイスノキが分化した年代は遺伝解析により、1000万年前と推定されており[8]、小笠原の生きもののなりたちの古さを物語っている。

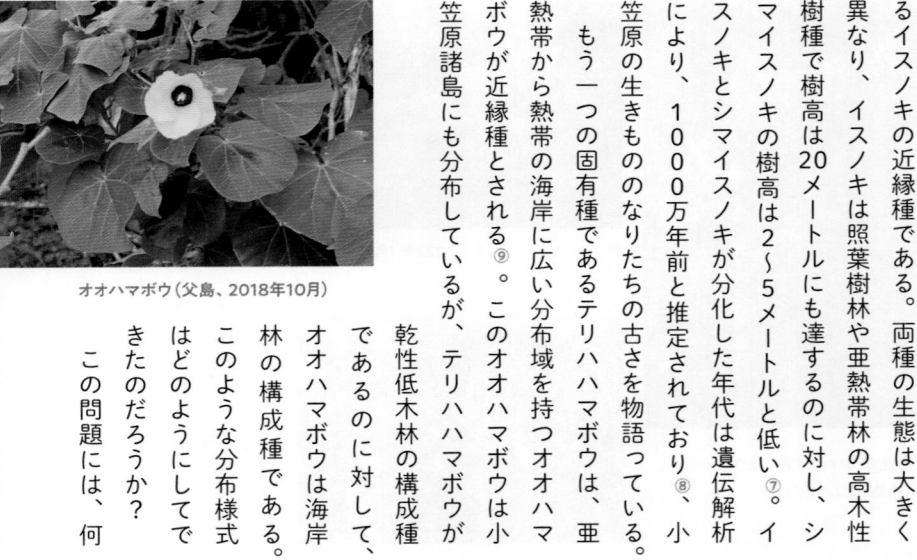

もう一つの固有種であるテリハハマボウは、亜熱帯から熱帯の海岸に広い分布域を持つオオハマボウが近縁種とされる[9]。このオオハマボウは小笠原諸島にも分布しているが、テリハハマボウが乾性低木林の構成種であるのに対して、オオハマボウは海岸林の構成種である。このような分布様式はどのようにしてできたのだろうか？

オオハマボウ（父島、2018年10月）

この問題には、何人もの研究者が着目してきた。その研究成果から、その過程は次のように考えられる[9][10][11]。まずオオハマボウとテリハハマボウの共通祖先の種子が、海流に乗って偶然小笠原にたどり着き発芽して定着した。しかし、島では本土や他の島の個体と接触する機会は少ない。そのため遺伝的な交流も少ないため、テリハハマボウの祖先は独自に島の環境に適応して次第に変化し、固有の種となってゆく。また、島には樹木種が少なく、競争相手が少ないので、テリハハマボウの祖先は海岸だけでなく、島の内陸にも進出した。そして、島の内陸部の環境に適応した生態・形態を持つようになり、テリハハマボウとなった。一方、共通祖先と同じように海流で種子を散布するオオハマボウが、新たに小笠原到着して定着する。両者は同じ祖先から派生したものだったが、異なった環境で別々に進化したために、もうお互いに交配することはできなくなっていた。そのために混ざり合うことはなく、オオハマボウが海岸、テリハハマボウが内陸というすみわけが出来上がった。

さらに内陸で生活するようになったテリハハマボウの種子は海水に浮かない性質を持つようになった[11]。海流で子孫を広げるのではなく、陸地で子孫を残す性質を持つようになったのである。乾性低木林は、このような〝生きものの進化過程をみせてくれる植物群落〟なのだ。

100年後の未来を目指した外来種との戦い

2011年6月、小笠原諸島は世界自然遺産に登録された[12]。海洋島で独自の進化を遂げた固有種の存在が、その大きな理由だった[12]。離島の固有種がなぜ重要なのか。それは、離島の固有種たちは、生物の進化を実感できる生きた教材だからである。一方で固有種は、その種が滅べば、進化の生きた証拠が世界から一つ失われてしまうという危うさを併せ持つ存在でもある。

〝生きものの進化過程をみせてくれる植物群落〟の島々を脅かす最も深刻な問題の一つは外来種である[13]。島、特に長い間隔離されてきた海洋島の生態系は、外来種に対して脆弱だ。小笠原では、植物ではアカギ、ギンネム、トクサバモクマオウ、動物ではノヤギやクマネズミなどが大きな問題となってきた[13][14][15][16][17][18][19][20]。一方、駆除事業も進展している。媒島をはじめとする無人島ではノヤギ駆除が進み、ノヤギは根絶された[18][19]。また、一時的ではあるがクマネズミの根絶に成功した島もある[20]。しかし、外来種の根絶が別の外来種の増加を引き起こすなどの課題も明らかになり[20][21][22]、完全な解決は容易ではない。

孤島の自然を見守るだけでは、小笠原の植物群落を100年後に残せない。科学的知見を集積しつつ、「生きものの進化過程を〝魅〟せてくれる植物群落」の保全に我々は積極的にかかわってゆかねばならない。

シカを減らすとどうなるか？

石川 幸男

知床岬上空から見た知床半島。手前に広がるのが知床岬の海岸台地上の草原。海岸から3kmの海域を含めて、写真に見えるほぼ全域が世界遺産地域に相当します。写真中の四角は防鹿柵の位置を示しています（撮影　山中正実）

知床半島は、日本の冷温帯の北限にあたる。
海に突き出た細長い半島の中央部には、
標高１６００メートルを超える羅臼岳が鎮座し、
海岸部には草原、低地の山腹には針広混交林、
山岳部には亜高山から高山域も含めて
原生的な植生が広がる。
この地域でも、海岸から低地の森林、
特に越冬に使われる場所で、
シカの影響による植生の衰退が問題になっている。
世界自然遺産登録後の植生回復の試みと
その過程でわかった
復元のようすを紹介する。

知床でもシカの影響が

積雪の少ない北海道東部では1980年代にエゾシカによる農林業被害が目立つようになり、自然生態系への影響が心配されるようになり始めました。エゾシカは、明治の開拓政策によってシカ肉が輸出品にされたために乱獲され、19世紀末には激減しました。その後は長く禁猟が続き、1970年代になると増加に転じ、80年代以降に被害が急増したのです①②。

知床半島では、海岸台地が広がる先端部の知床岬で、1970年代末からシカの調査が始まりました。約5平方キロのこの地区では、シカの個体数は80年代半ばの約50頭から急増し、98年の越冬期に約600頭に達しました。その結果、極端なえさ不足に陥ったことから大量のシカが死亡して、一気に約180頭まで激減しました（このような現象を「個体群の崩壊」とよびます）。知床岬の個体群はその後も増加と崩壊を繰り返し、付近の森林で樹皮はぎなどの被害が生じました③④。しかし、岬を特徴づける台地上の草原のようすはわかっていませんでした。そこで私は、2000年夏に初めて現地に調査に入りました。

1996年の越冬期末の知床岬において海岸草原上に出て採食するエゾシカ。この時点で岬地区全体において確認されたシカの数は約400頭でした（撮影　岡田秀明）

知床岬では、浜辺から海岸台地へ上がる崖上部

植生学メモ　【樹皮はぎ】個体数が増えすぎて食物が枯渇すると、シカは樹木の幹の皮（樹皮）をはいで食べ始める。皮の内側の生きた組織を食べるため、被害が大きくなると木が枯れてしまう。

は、冬期の季節風で厳しい環境になります。そのためシカの増加前には、海辺であるにもかかわらず、ガンコウランやシャジクソウなどの高山植物に富む風衝地群落が分布していました。台地上にはエゾキスゲ、オオヨモギ、イブキトラノオや大型のセリ科草本など、本州では山地性や亜高山性とされるさまざまな植物から構成される高茎草本《こうけい》群落と、クマイザサ主体のササ群落やススキなどイネ科草本の群落が広がっていました⑤⑥。

ところが、現地に行ってみると風衝地群落は衰退し、高茎草本群落も激減していて、シカが食べないハンゴンソウやトウゲブキが群落化していました。エゾオオバコなどの踏み跡群落もできていたほか、外来種のアメリカオニアザミさえ生育していました。冬期にシカの避難場所になる針広混交林では、樹皮はぎが一段と激しくなり、稚樹や林床植生が衰退した一方で、やはりシカが食べないミミコウモリやシラネワラビなどが増えていました⑦⑧。

そこで、緊急の措置として、風衝地群落とトウ

1980年当時のガンコウランなどの高山植物が多数生育していた風衝地群落（撮影　佐藤謙）

1980年当時の高茎草本群落。ミソガワソウ、セリ科草本などが確認できます（撮影　佐藤謙）

上の写真とほぼ同じ地点の2005年の状況。ハンゴンソウが一面に生育しています

植生学メモ

【針広混交林】冷温帯と亜寒帯の推移領域で、落葉広葉樹と常緑針葉樹がさまざまな割合で混生する森林。東アジアでは北海道の渡島半島黒松内以北、南千島、南サハリン、沿海地方などに分布する。

2003年5月の知床岬灯台背後の森林。ミズナラに複数回の樹皮はぎの跡が確認でき、古いものは1998年の越冬期のピーク、新しいものは撮影された5月直前のピークに対応するものと思われます。林床のチシマザサも採食によって矮生化しています

ゲブキが優占しているもののイブキトラノオなども残る亜高山性の種からなる高茎草本群落の2か所を、一辺15〜20メートルの金属製の防鹿柵で環境省に囲ってもらいました。また、エゾノシシウドやカラフトニンジンなどの山地性のセリ科草本が主体になっていたはずの高茎草本群落では、長さが100メートル程度のしゃもじ状の小半島部で、細くなった基部をフェンスで遮断してもらいました⑦⑧。さらにその後、林野庁には森林に1ヘクタールの防鹿柵をつくってもらいました。

3年がかりの実態調査

数年後の2005年、知床は日本で三番目の世界自然遺産に登録されました。遺産としての知床の価値は、海と陸が緊密につながった生態系と、猛禽類《もうきん》などの希少野生生物の生息場所としての生物多様性の2点でした。しかし、いったん世界遺産に登録されても、登録理由となった要素が失われれば登録は抹消されてしまいます。これらの価値を維持していくためには、エゾシカの影響を減らし、また管理すること、海域の管理、河川工作物の改修が課題となりました⑨。それぞれに応じた作業部会（ワーキンググループ、WG）が組織され、私はエゾシカWGに加わることになりました。

WGでは、最初に半島全域でのシカの分布と採食実態を調査しました。積雪期の終わりに、ヘリコプターに乗って上空から直接確認するのです。すると、全域でシカは1万頭以上と推定され、積

雪の少ない標高約300メートル以下で、主に斜里《しゃり》側の台地上に集まって越冬していることがわかりました[10]。そして、最大の越冬地は知床岬でした。

次に、シカの採食の影響を明らかにするための調査区を設置しました。混交林では主に低地の約70地点に、亜高山から高山域では知床連山、知床岳知床沼と遠音別岳の各地区に、登山者の踏み荒らし監視もかねて計11地点に、帯状の調査区をつくりました。また、私自身が相泊《あいどまり》より先の羅臼《らうす》側の海岸は全て踏査し、断崖続きの斜里側では地元の海鳥研究者に船を出していただき、海岸植生38地点95方形区を3年かけて調査しました。その結果、低地の越冬地中心にシカの影響が著しいものの、高標高では影響は少ないこと、海岸では、シカが寄りつけない、植物にとっては「逃げ場」となる場所（レフュージア）が各所にあることなどがわかりました[8][11][12]。

羅臼岳登山道の岩尾別コース中腹、標高約560m地点に設定された、森林での採食圧把握のための100m帯状区（撮影　中西将尚）

カムイワッカ川北側の海岸草原レフュージア。岬では激減したエゾノヨロイグサ（写真左）やエゾカンゾウなどが生育しています。背後の海面には調査に協力していただいた地元の海鳥研究者、福田佳弘さんの蒼鷹丸がみえます（撮影　小平真佐夫）

植生学メモ
【レフュージア】遺存群落ともよび、環境変動等で周囲の植生が変化したのちも局所的な要因などによって以前の状態で残されている群落。

シカを減らし、その結果を追跡する

越冬地での植生回復を目指して、2007年から知床岬でシカの捕獲が始まりました。当初、約500頭いたシカを3年間で半減させ、おとなのメスも半減させることを目標にして、銃で捕獲しました[13]。それ以降も捕獲をしているので、シカの密度は低い状態で維持できています。植生回復を確認するモニタリングも継続中です。

捕獲開始から15年がたちましたが、森林では柵内外ともに植生はわずかしか回復していません。シカが多かった時期に、シカが好まないために残されていた植物が林床を占拠してしまっているためです。暗い森林内では、採食がなくなっても、もともとの種の回復はなかなか進まないようです。

一方、草原では回復傾向が確認され、捕獲開始後に速やかにササの現存量が増えました[14]。防鹿柵がある3群落の近年の調査[15]によると、植物がまばらになるほど衰退した風衝地群落では、柵外でも植被率や群落高が回復傾向にあります。しかし、ガンコウランなど回復の目標の種は少ないままです。低密度になったとはいえ、相変わらずシカがこれらの種を好んで食べているようです。柵内ではガンコウランが以前のカーペット状にまで戻っているので、柵外の状況はシカの影響と考えられるのです。

亜高山高茎草本群落でも状況はやや改善しました。柵外では、まだトウゲブキは多いものの、エゾオオバコやオオスズメノカタビラは減りました。しかし、目標とするイブキトラノオやシレトコトリカブトなどの回復はごくわずかです。これに対

本年（2022年）夏の調査時点において、風衝地群落の防鹿柵内ではガンコウランが以前のようなカーペット状にまで回復していました

して柵内では、イブキトラノオやオオヨモギなどが回復するにつれてトウゲブキは速やかに減少しており、現在は、シカ増加以前の調査で記録されている生育状況⑤⑥に近くなっているように思えます。

山地高茎草本群落では、付近に対照となる場所がなかったために柵内だけが調査されています。ここでの変化は予測を裏切るもので、当初はエゾノシシウドなどのセリ科草本を含む目標の種が順調に回復したものの、ここ数年はハマニンニクが急増中です。この種の本来の生育場所は浜辺に近い砂丘上なので、たまたま台地上に侵入して増加

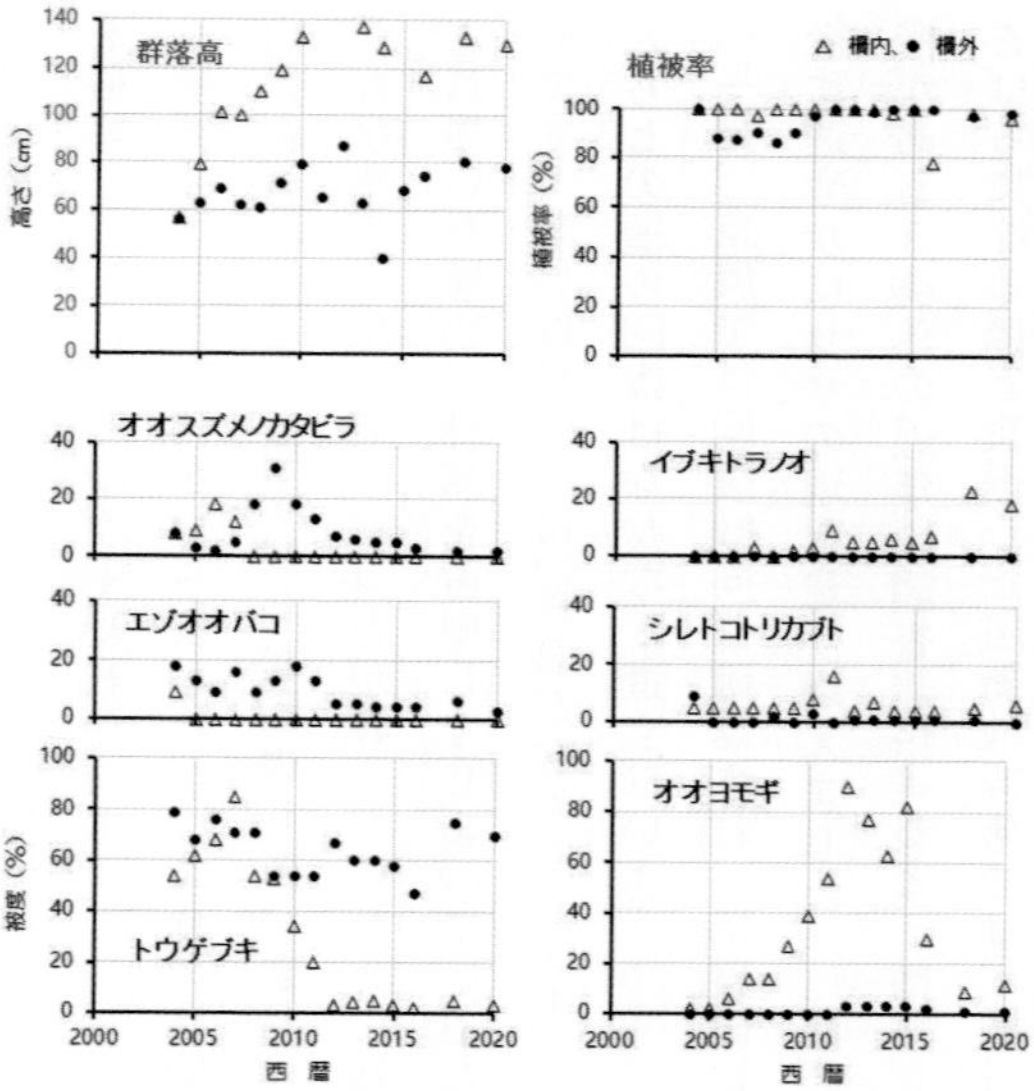

亜高山高茎草本群落の防鹿柵内外での植被の回復状況と主要種の被度の推移。知床データセンター（shiretoko-whc.com/index.html）で公開されている⑮からデータを抜粋しました

シカの採食が強くなる以前にはエゾノシシウド、カラフトニンジン等の山地高茎草本群落が分布していた半島状地点における、防鹿柵を設置した直後、2003年夏の状況。イネ科のハマムギが優占しており、この地域を1970年代末に詳しく調査した佐藤謙博士が変貌状況を記録しています

ハマニンニクが急増している山地高茎草本群落。防鹿柵内の2019年の状況

山地高茎草本群落の防鹿柵内の2010年の状況。エゾノシシウドのほかに、オオヨモギ、エゾノコギリソウなどが回復していました

したと考えられます。通常は生育しない植物が入り込んだため、特殊な条件下で起こる偏向遷移が起きている可能性もあります。

防鹿柵内外の調査により、シカの影響とそこからの回復のようすがわかってきました。しかし、こうした狭い面積の情報だけでは、岬全体の回復状況がわかりません。WGでは、新たな観察を開始しました。シカが好んで食べるために影響を受けやすい種が回復してくるのなら、採食圧は十分に低下しているはずです。そこで、アキカラマツやヤマブキショウマなどの高茎草本を中心に約30種を選んで、広範囲のライン状の調査エリアを設定してモニタリングを始めました⑮。今後の調査は種数を絞ったほうが効率良いでしょうが、山地高茎草本群落のような偏向遷移、種による回復速度の違い、さらに遷移途上での種の入れ替わりなどもありうるので、回復状況の調査はいろいろな植物を対象とし、調査結果の判断も慎重に進める必要があると考えています。

植生学メモ
【偏向遷移】外来種など本来には分布しない種がもたらす作用などによって、極相へ向かう通常の遷移過程とは異なる過程に遷移が逸脱すること。

深きブナの森に囲まれた小さなお花畑

山岸洋貴・石川幸男

地形や立地条件により、構成種ばかりか、ブナそのものの樹形や樹皮にまとうコケや地衣類の様子が異なります。白神山地には原生的な状態かつ多様なブナの森が残されています

動き続ける大地に、深いブナの森が広がる。
林道や登山道を歩き、時には沢を渡り、
やっと出会える原生的なブナの森。
その森を抜け、山の頂きを目指して進むと
低木たちが行く先を覆う。
針葉樹の森を経ず、
いきなり高山にたどり着いたかのような
景観が開ける。
尾根まで登り詰めると、
眼下に広大なブナの森。
彩りを添えるように、
小さなお花畑が点々と。
この景色が１００年後にもみられますように。

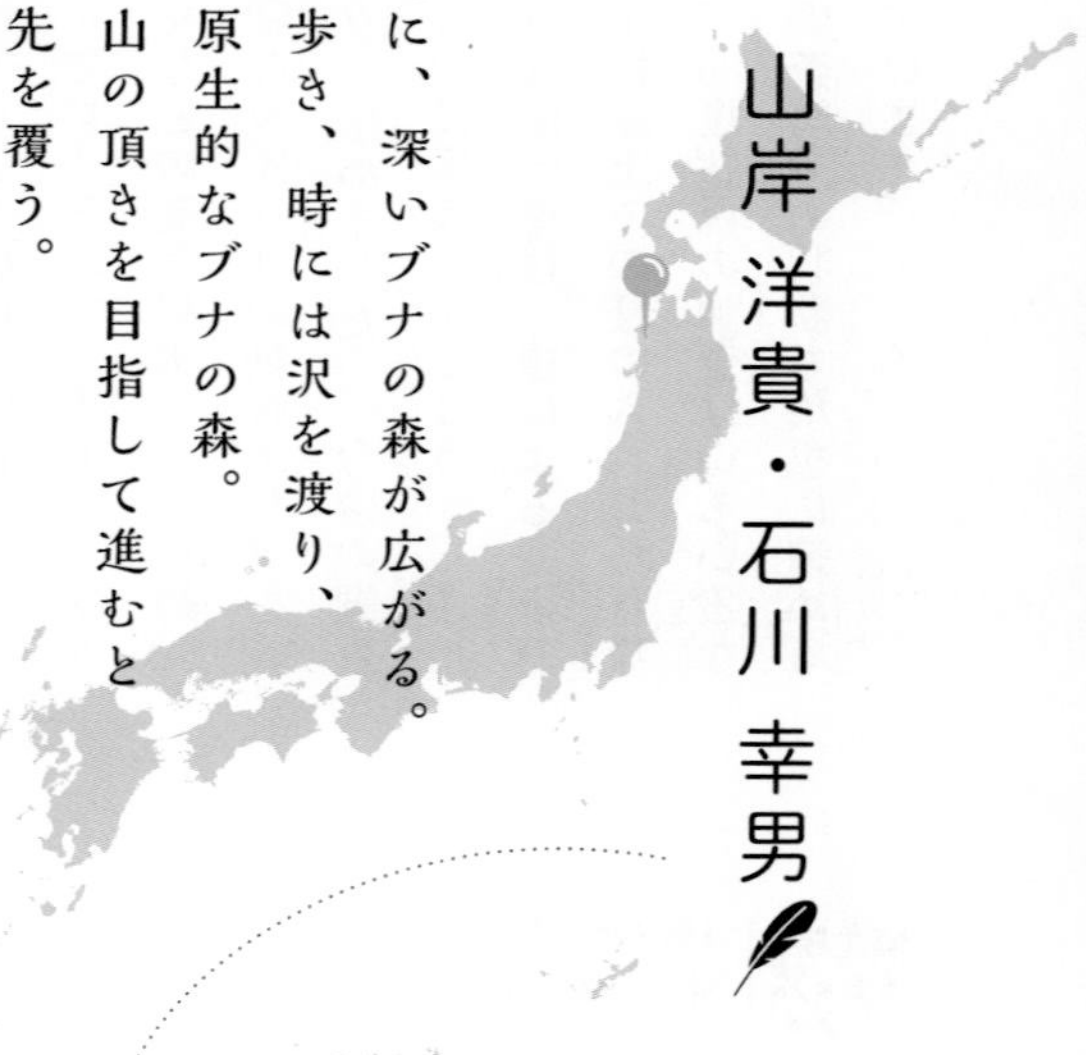

連続して広がる深いブナの森

白神山地は大部分がブナの森に覆われ、その一部が世界遺産地域に指定されています。ブナは日本列島の多雪地域を代表する落葉広葉樹の一つで、日本海側を中心に広く分布しています。白神山地が世界遺産として登録されたのは、広大なブナの森が、人為的な影響をほとんど受けない状態で

秋のブナの森
紅葉の時期、白神山地は一斉に色づきます

連続的に広がっていることが評価されたためです。まさに〝白神山地＝ブナの森〟という一般的なイメージそのものです。しかし、それはどのような意味を持つのか。この点はあまり知られていないでしょう。

遺産登録前にＩＵＣＮによって報告された白神山地の推薦書①には、冷温帯の森林生態系に関する研究を行ううえで、またそこに生育する生物群集をモニタリングするうえで、地球規模でみても非常に重要であると記されています。つまり世界的に見本となる冷温帯の森林、すなわち重要な学びの場であることがわかります。

動き続ける大地

落ち着いていて静的に感じられる深いブナの森ですが、実は白神山地は、年間１ミリほどといわれる速度②で、現在も大地が隆起し続けています。つまり、山が高くなっているのです。山は高くな

植生学メモ
【推薦書】世界自然遺産の登録にはIUCN（世界自然保護連合）による評価を受ける必要があります。1999年より世界遺産白神山地ブナ林モニタリング調査会がブナのモニタリングを行っています。

大川を渡渉するようす
白神山地は険しい山が多く、多くのルートが沢のぼりとなります

ると、自身の重みに耐えきれず、斜面崩壊や地滑りを幾度となく繰り返します。さらに、隆起した大地は川によって浸食され、その結果として険しくも美しい渓流がいくつも形成されてきました。こうした変動が、ブナの森に変化と多様性を生みだすきっかけとなります。

河畔林や沢沿いには、サワグルミ林やトチノキ、カツラが多く生育する森が発達しています。まとまった雨が降ると瞬く間に増水する沢に神経を使いながらも、渓流や森の美しい風景に癒され、私たちは調査地までの長い行程を何とか乗り切っています。

偽高山帯と小さなお花畑

白神山地最高峰は向白神岳《むかいしらかみだけ》とよばれ、標高は1243メートルです。山岳という視点からすると、白神山地は決して高い山の連なりとはいえません。また、標高1000メートルを超える場所は、白神山地全体からするとほんのわずかな面積だけです。しかし、そこには興味深い植生が存在していて、そこが現在の私の研究フィールドの一つです。

標高1000メートル付近を超えると、それまでのブナの森から徐々にミヤマナラやダケカンバ、ミネザクラなどの低木、チシマザサなどが周りを覆い始めます。緯度から考えると、一般的には亜高山帯に推移していく標高です。亜高山帯といえ

植生学メモ｜向白神岳の南側にある名のない山頂が1250メートルで最標高点になります。

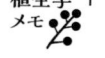

ば、ふつうはオオシラビソなどの針葉樹を中心とした森になります。ほぼ同じ緯度にある八甲田などでは良く見慣れた景観ですが、白神山地にはそのような針葉樹の森がありません。その代わりに出現するのが、低標高でありながらも高山さながらの景観である偽高山《ぎこうざん》帯です。その中を山稜や山頂付近まで進んで行くと、色とりどりの小さなお花畑が点々と現れます。そこは、主に風が強く吹き抜ける風衝地や岩が露出する場所。高山山頂の厳しい環境に似ているので、お花畑は山頂現象によって生じたものと考えられます。このような環境条件になる場所は、白神山地では非常に限られているので、「小さな」お花畑となっているのです。

これらのお花畑では、ニッコウキスゲ、イブキトラノオ、チシマフウロ、トウゲブキ、イワキンバイ、ヤマルリトラノオ、マルバキンレイカ、アオモリマンテマ、ミヤマアズマギクなどの植物たちが花を咲かせます。また、白神岳や小岳《こだけ》などの山頂付近には、ほぼ本州最低標高に位置するハイマツ群落が存在し、コケモモやガンコウランなど高山を代表するような植物達とともに生育しています。

白神岳の植生帯の変化
もこもことしたブナの森が標高とともに低木に代わっているのがわかります

白神岳山頂付近の風衝草原

白神岳稜線上の岩場

アオモリマンテマ（ナデシコ科）
白神山地で発見された氷河期遺存種の一つ

変わりゆく小さなお花畑

向白神岳の北側稜線上には通称「静御殿」と呼ばれる岩場があり、その周辺には氷河期からの遺存種と考えられるリシリシノブ、シコタンソウ、エゾノハナシノブなどが生育しています。ここで2016年からこれらの植物を対象とした植生のモニタリングを行っています。この静御殿までの登山道は整備されておらず、調査の際には猛烈なやぶ漕ぎが待ち受けています。途中、やぶがわずかに途絶え、ひときわ眺望が良い場所が出現します。この場所は少なくとも1990年代にはニッコウキスゲが咲き乱れ、当時の調査記録では「草

小岳（標高1042m）の山頂を覆うハイマツ

向白神岳稜線に位置する岩場『静御殿』。山稜が自重に耐え切れず稜線が2つに裂け、稜線が線状凹地になっています

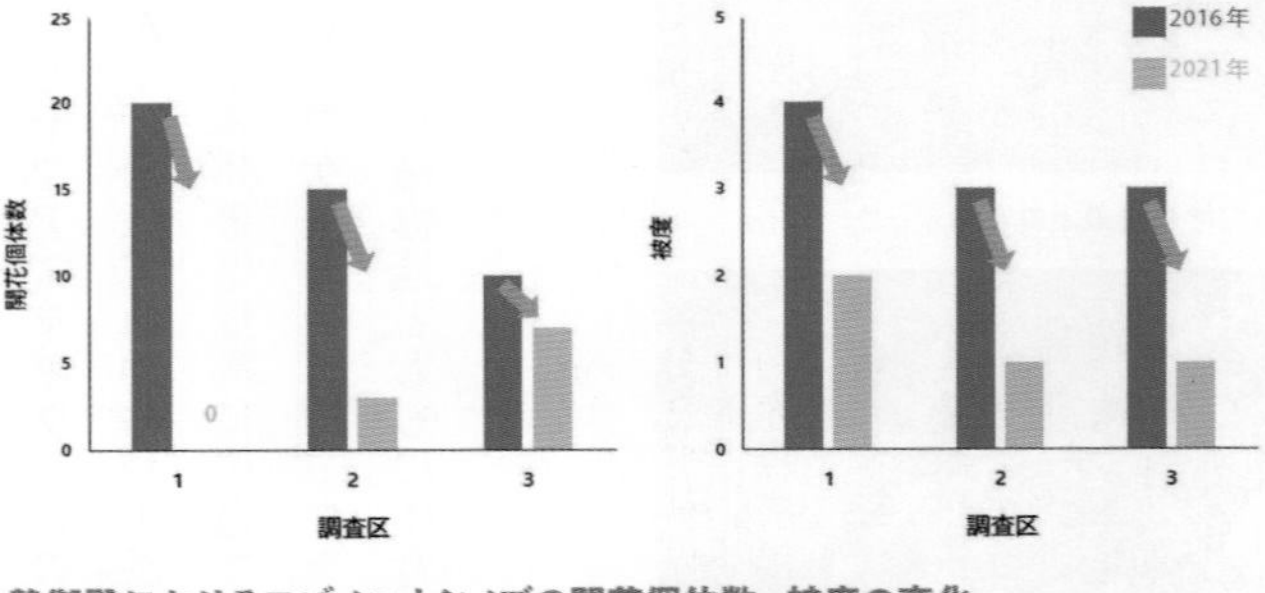

静御殿におけるエゾノハナシノブの開花個体数、被度の変化

2016年と2021年の比較。少なくともこの5年間では衰退している。代わりにイワノガリヤスなどの植物が増加していた

地」と表現されていた場所です。その時に撮影された画像と比較すると、明らかにニッコウキスゲの開花個体数が減少していることがわかりました。約20年後の2016年の状況は、低木が生い茂り、草地と表現することが適当だと感じられませんでした。20年ほどの間に植生が大きく変化したと考えられます。

北海道の大雪山では、温暖化が要因とされる高山帯植生の変化が報告されています③。雪融け時期が早まって春先の土壌の乾燥を引き起こし、わずか20年ほどの間に、エゾノハクサンイチゲの優占するお花畑が、乾燥に強い植物たちが主体の草原に変化してしまったというのです。

残念ながら白神山地では、標高1000メートル以上の地点の詳細な気象条件や積雪状況、それらの変化について、2016年より前の情報はほとんどありません。そのため、それまでの植生の変化と気象条件との関係を明らかにすることはできません。弘前大学農学生命科学部附属白神自然環境研究センターでは、今後の変化を把握できるように、2016年から白神岳の稜線上の標高1200メートル付近に気象タワーを設置して、気象条件とその変動についてモニタリングを行っています。植生や植物の成長量の変化なども調査しながら、深きブナの森に囲まれた小さなお花畑をこれからも見守っていく予定です。

エゾノハナシノブ（ハナシノブ科）

白神岳稜線上に設置された気象タワー

植生学メモ　【やぶ漕ぎ】GPSのログを確認したところ、1時間で800メートルほどしか進めていませんでした。

森林限界は上昇する

崎尾 均・増澤 武弘

写真は1980年の富士山の森林限界。奥に広がるのは低木状になったカラマツの林。森林限界上部の草地には、オンタデやマメ科のイワオウギやタイツリオウギの花がみられる①

富士山の森林限界には、低木状になったカラマツがみられる。ここは、厳しい環境条件との相互作用によって、森林が成立できなくなるぎりぎりの限界線である。

40年の長期観察によって、森林限界が上昇し、カラマツが低木化せずに直立して成長を続けていることが明らかになった。植生のモニタリングは、地球環境変動を早期に知る手がかりとなるだろう。

２０１８年秋。私はひと目みて、富士山の森林限界の上昇を確認した。40年前、そこには樹高30センチ程度ほどのミヤマヤナギやカラマツが低木状に匍匐《ほふく》していて、全体を見渡すことができた。しかし、そんな状況はもうなかった。

1978年の森林限界の上部。樹木は、大部分がテーブル状に這っていた①

高山の植生

大学生だった１９７８年、私は富士山の南東斜面のその場所に、長さ２２０メートルの調査地を設置し、調査地内の直径5センチ以上の全樹木の種、個体数、直径、樹高を測定した。そこは、江戸時代の１７０７年に起きた宝永の大噴火によって破壊された植生が回復している途中にある場所だった②。

登山をする人なら、標高が高くなるにつれて、森林の景観、つまり、森林を構成している樹木の種類が変わっていくことに気づいているだろう。富士山なら、森林は低地の常緑広葉樹林、山地帯の落葉広葉樹林、亜高山帯の常緑針葉樹林、そしてカラマツで構成される森林限界を経て、低木林（カラマツ、ミヤマヤナギ、ミヤマハンノキ）、樹木の生えない高山帯の草原へと変化していく。南アルプスなどでは森林限界の上にお花畑が広がっているが、富士山では地味なオンタデとコタヌキ

植生学メモ　落葉樹であるカラマツで構成される森林限界は、富士山の植生の大きな特徴の一つ。ほかの高山では、森林限界を構成する主要樹種は常緑のハイマツである。

ランが優占する。その他の植物の種数は少ないが、マメ科のムラサキモメンヅル、イワオウギ、タイツリオウギや、ヤマホタルブクロなどが花を咲かせる。ミヤマハンノキやマメ科の草本類は、根系に根粒を形成して空中窒素を固定して利用できるため、貧栄養な場所でも定着して成長することができるのだ。さらに上方は、植物のまばらなスコリア（火山噴出物）の裸地、いわゆるガレ場へと変化していく。

こうした植生は、低温、強風、乾燥、乏しい土壌養分など厳しい環境条件のなかで、植物が生存競争を繰り広げてきた結果形成された。環境条件の厳しさから、そこより上部には森林が成立できなくなるという限界線が森林限界である③。このような場所では、植物と環境との関係をはっきりとみることができるので、私はこの場所に注目した。

40年間の継続調査

実は、南東斜面の森林限界は、同じ富士山の西側斜面に比べると500メートルほども低い。樹木はもっと上部に分布を広げられるのではないだろうか。実際、私が行った年輪の調査によっても、宝永の噴火以降、森林限界が上昇してきたことがわかっている。この上昇は今も続いているに違いない。私は、そのようすと環境との関係を長期間調べれば、森林限界の移動のようすや要因を知ることができるのではないかと考えた。

それ以降、私はもちろんのこと、多くの後輩たちの手によって、調査が続けられてきた。得られたデータからは、1978～2018年の40年の間に、森林限界が、斜面を30メートル上昇していることが明らかになった①④。

植生学メモ｜窒素は生物に必須の元素だが、空中窒素は他の物質と結びつきにくく、多くの生物は吸収できない。ところが、吸収可能な形に変換（窒素固定）できるバクテリアもいる。

2018年の森林限界上部。定着成長したカラマツが直立した樹形を示している①

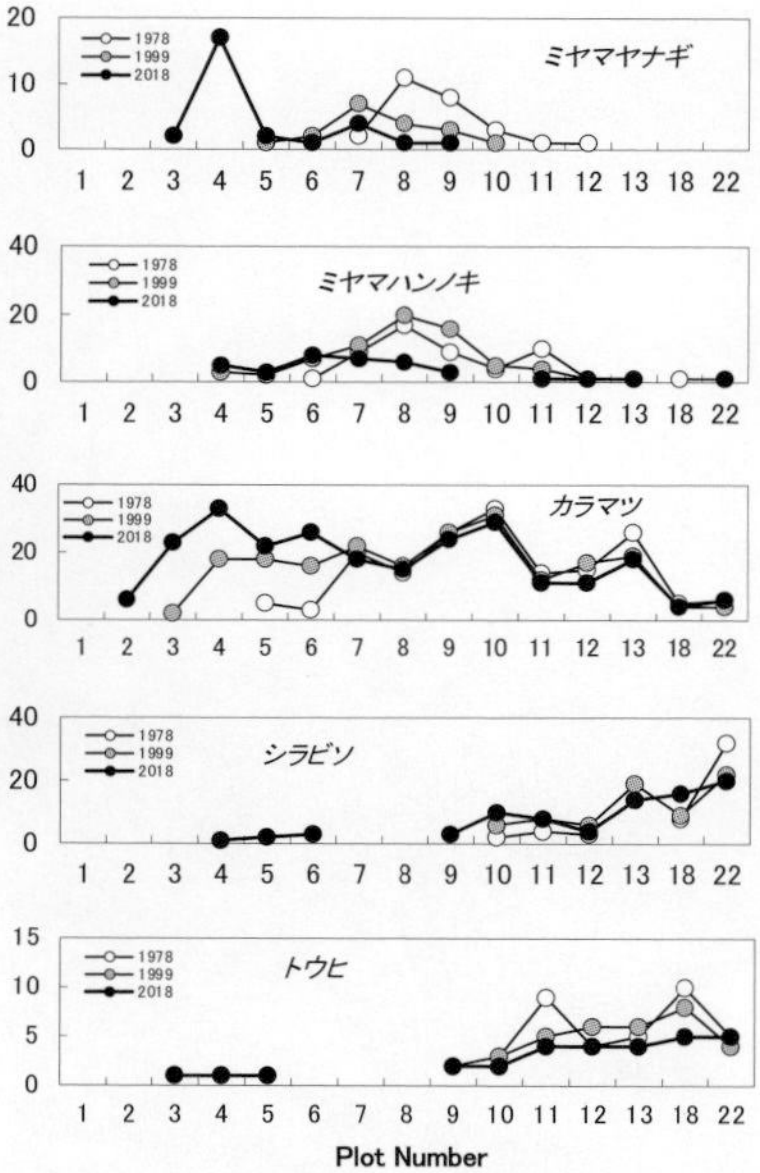

森林限界の樹木の40年間の個体数変化

横軸の調査地区番号は1が最上部の裸地、22が最下部の常緑針葉樹林。縦軸は個体数。40年の間に、森林限界を形成するミヤマヤナギやミヤマハンノキなどの落葉低木が上部でもみられるようになり、森林限界の優占種であるカラマツは2区から6区にかけて多くの個体が侵入した。また、下方の常緑針葉樹を形成しているシラビソやトウヒも、新たに森林限界上部にあらわれるようになった①

長期観察の成果

それは、調査地内に生えているカラマツの個体数や大きさにはっきりと表れていた。40年前、樹高30センチほどの、低木化したミヤマヤナギやカラマツが生えていた場所は、樹高数メートルのカラマツ林に変化していた。さらに上部では、カラマツの実生が裸地に侵入して分布域を上方に広げていた。

植生学メモ　ハンノキ属やマメ科の植物は、根系に窒素固定を行うバクテリアが共生する根粒という器官を持ち、空中窒素を利用できるため、貧栄養な場所にも進入できる。

1978年の森林限界上部のカラマツは、太い横枝を持ったテーブル状の樹形だった。真ん中には直立し始めた幹がみえる

カラマツなどの樹木の実生が発芽、定着成長する際には、オンタデなどの草本やミヤマヤナギの低木が、厳しい環境から実生を保護するシェルターの役割を果たす。また、これらの低木や草本群落は、実生を安定的に固定するうえでも重要である。富士山の土壌はスコリアで形成されていて、非常に移動しやすく、不安定だ。そのため、発芽した実生は定着できず枯死してしまうのだが、低木や草本群落の中は周りの植物により土壌が安定していて、定着が可能になる。

そうして定着したカラマツの実生は、テーブル状の横に広がった樹形となり、その状態である程度育ってから、幹を直立させて成長していく。１９７８年の調査の際には、森林限界上部のカラマツの形態は太い枝を横に這わせたテーブル状だった。宝永の噴火後の自然遷移の中で

植生学メモ

実生の定着成長には、立地が長期間安定していることが必要。森林限界上部の草本や低木群落は、立地を安定させるとともに、厳しい環境から実生を保護している。

森林限界下部のカラマツには、過去にテーブル状の樹形であったことを物語る太い横枝が残っている

定着した森林限界下部のカラマツの高木にも、テーブル状だった枝の痕跡がはっきりと残っている。ところが、２０１８年には発芽後から直立して成長し、樹高２～３メートルになっていた。カラマツは上方に分布を上昇させるだけでなく、明らかな形態的変化も引き起こしていたのだ。

過去に芽生え定着したカラマツがテーブル状だったことから、今回発見した形態の変化は、これまでとは異なった外部環境の変化によって生じたと考えられる。その要因には、気候変動、特に温暖化や大気中の二酸化炭素の増加などが考えられる。高山帯の生態系は気候変動の影響を受けやすい。今後もこの調査地のモニタリングを続ければ、気候変動が森林生態系に及ぼす影響をいち早くとらえることができるだろう。

桜島

溶岩がつくる一次遷移のタイムラプス

川西 基博

有村溶岩展望所からみた桜島の溶岩と山体。手前は大正溶岩上のクロマツ群落

噴火を繰り返し、
現在も新しい大地を形成し続けている桜島。
ここには、度重なる噴火で形成された
年代が違う溶岩原が同時に存在し、
生態遷移の異なる段階を一度にみることができる
天然の実験場になっている。
その観察から、数百年スケールで植生が変化する
一次遷移のモデルが考え出された。
植生は今も変化し続け、
モデルの検証が進められている。

見渡す限りの溶岩原は私の予想のはるか上を行く規模で、ここが日本だとは思えない景観でした。この膨大な量の溶岩が流れ出た噴火はどれほどすさまじかったのだろう。湧き出した溶岩がどれくらいの厚さ、幅で、どれくらいのスピードで流れ下り、地表や海峡を埋めていったのか。想像することも難しく、この広大な溶岩原が一時期の噴火で出現したという事実に強い衝撃を受けたのをよく覚えています。

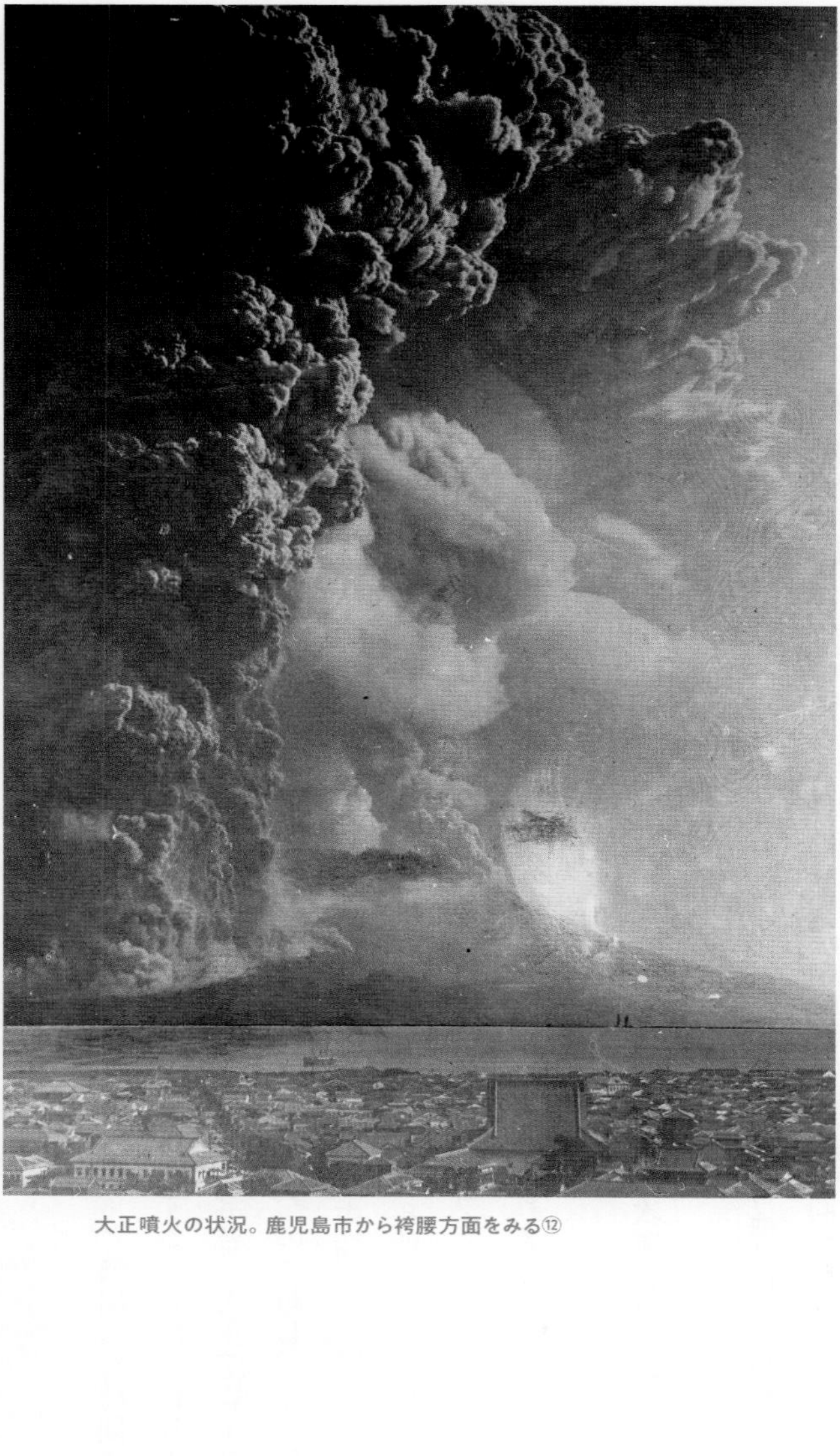

大正噴火の状況。鹿児島市から袴腰方面をみる⑫

植生学メモ　大正噴火については、鹿児島県立博物館所蔵の写真や、ちょうど噴火の直後に鹿児島を訪れていたアーネスト・ヘンリー・ウィルソン氏の残した写真などから、当時の状況をみることができます⑫⑬⑭。

植生図からみる溶岩の噴出年代と植生

噴出した溶岩が冷えて固まった直後には、その上に植物は生えていません。そこに、次第に植物が進入してきて、植生ができていくわけです。桜島の溶岩は噴出年代がわかっているので①、溶岩が噴出してどれくらいたっているかがはっきりしています。そのため、溶岩の上に成立している植生を時期順に比較することができ、一次遷移の実態を考察することができます②。

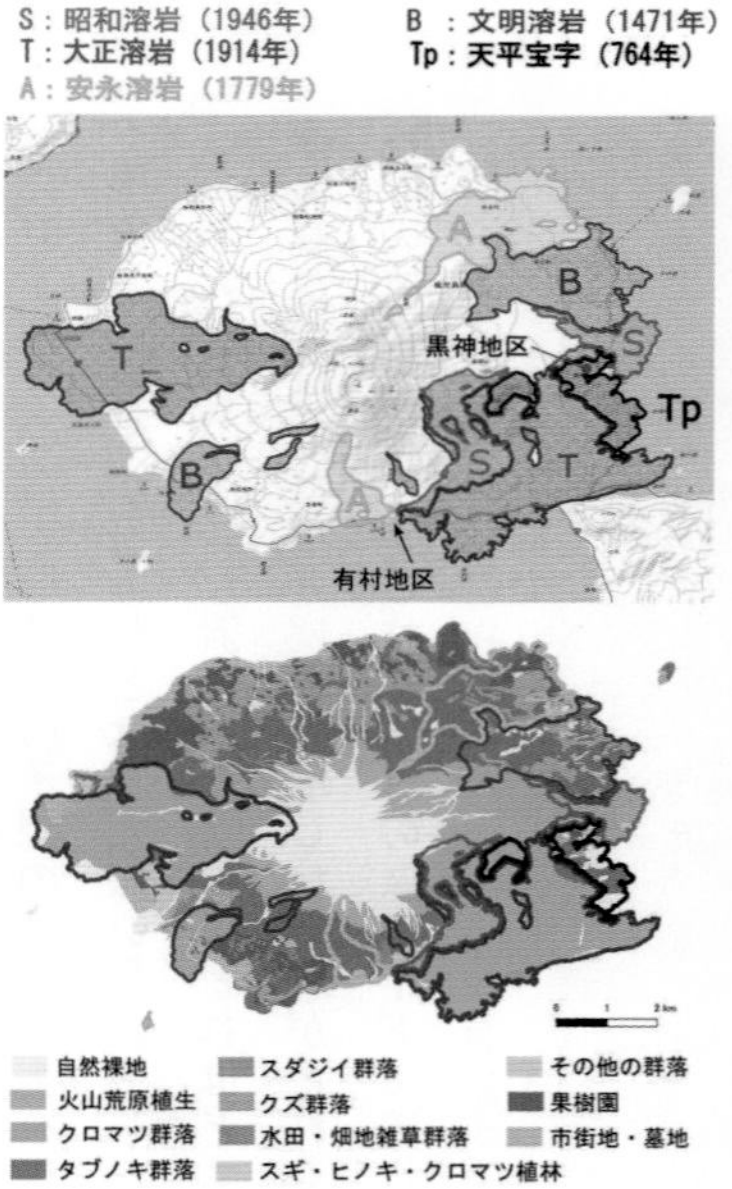

桜島の溶岩と植生の分布。溶岩の凡例には噴出年を示した。溶岩は「桜島火山地質図第2版」①、植生は1/25000植生図GISデータをもとに筆者が加工・作成した

植生図をみると、植物群落と噴出した時期の異なる溶岩の配置がよく対応することがわかります。例えば、新しい年代の昭和溶岩、大正溶岩エリアはほとんどがクロマツ群落なのに対し、古い年代の安永《あんえい》（18世紀、江戸時代中期）、文明《ぶんめい》（15世紀、室町時代後期）、天平宝字《てんぴょうほうじ》（8世紀、奈良時代）の溶岩エリアは、いずれもタブノキ群落、クズ群落、果樹園や市街地が広くみられます。

昭和溶岩と大正溶岩の一次遷移の段階

桜島南部の有村《ありむら》地区には昭和、大正、安永溶岩の3つが同時にみえる場所があります。安永溶岩上には小さな集落があり、その背後の斜面はタブノキ群落やクズ群落となっています。昭和、大正溶岩とは明らかに異なる景観です。

大正溶岩と昭和溶岩はどうでしょうか。これらの溶岩は噴出年が約30年ずれて

いますので、植生も違うのだろうと私は予想していました。しかし、2015年ごろに観察した際には昭和溶岩と大正溶岩上はどちらもクロマツの若い林となっており、一見しただけでは溶岩の境界が植生からははっきりわかりませんでした。いささか残念に思いましたが、実際どういう状況になっているのかとても気になり、溶岩上の植生を詳細に調べた研究を探してみました。

（上）有村地区でみられる安永溶岩、大正溶岩、昭和溶岩
（下）有村地区での大正溶岩流出のようす⑫

昭和噴火から18年後の1964年に行われた植生調査③では、昭和溶岩ではイタドリ、ススキ、タマシダ、クロマツが1ヘクタールあたり数個体生育する程度だったようです。ほとんど裸地にみえたに違いありません。一方、大正溶岩ではイタドリ、ススキ、タマシダは1ヘクタールあたり数百個体以上みられ、木本植物のヤシャブシ、ヒサカキ、ノリウツギなども多く定着していました。ただしクロマツはまだ少なく、1ヘクタールあたり4本程度だったようです。それでも、大正溶岩では多くの植物が定着していて、当時の両溶岩原は植生景観が大きく異なっていたことが予想できます。

その後、1970年代④、1990年代⑤、2010年代⑥⑦にも植生の調査が行われています。それらの調査から、昭和溶岩上では部分的にクロマツを主とした植生が発達したことが示されています。積み重ねられてきた植生調査の結果から、昭和溶岩の植生は植生遷移の段階が一つ進んだため、昭和溶岩と大正溶岩の植生がともにクロマツ林となり、同じようにみえていることがわかりました。

大正溶岩は依然としてクロマツ林の段階にありますが、タブノキやヒサカキなどの照葉樹林を構成する植物の種数が多くなってきていることも明らかにされています[6]。また、溶岩の割れ方や表面構造、火山灰の堆積状況によって、植物の定着状況が違うことが指摘されており[5][8]、大正溶岩上でも複雑な植生の構造がつくられてきているようです。

松くい虫被害

時間経過のほかにも、植生の発達と遷移に影響を及ぼす要因があります。その一つが、マツノザイセンチュウによる松くい虫被害です。桜島では2004年（平成16年）ごろに多くのクロマツがこの被害で枯死しました[9][10]。その後、いったんは被害が減少しましたが、2022年現在は再び松くい虫被害がみられる状況になっています[10]。現在の大正溶岩と昭和溶岩のクロマツの多くは、この松くい虫被害の後に定着した若い個体であるために、森林の発達の程度が同じようにみえていきます。今後も繰り返しマツ枯れが起こる可能性が高く、クロマツが壮齢林まで発達するのは難しいかもしれません[7]。

黒神のスダジイ林

桜島東部の黒神地区にある腹五社《はらごしゃ》神社（黒神神社）は、大正噴火の降灰で埋まった埋没鳥居で有名です[11]。この社殿の裏山に桜島で

現在も松くい虫による松枯れ被害がみられる
（2022年9月、桜島口付近）

唯一記載されているスダジイ群落⑦があります。

このスダジイ群落がいつ成立したのかは不明ですが、天平宝字噴火で形成された長崎鼻《ながさきはな》溶岩上にあり、「原生林とは言えないものの自然性が高く極相に近い樹林」と考えられています⑥。

以上のような桜島の溶岩上植生の研究から、次のような一次遷移のモデルが考えだされました。

①噴火直後から20年までは地衣・コケ期、
②20～50年はススキやイタドリなどの草原期、
③50～150年はマツ・低木林期、
④150～300年はタブノキが主体の照葉樹林前期、
⑤600年までにスダジイの出現する照葉樹林後期（極相）に至る

という系列です⑥。

今後、さまざまな植物が侵入し入れかわって遷移が進行する一方で、新たな噴火で破壊されリセットされる場所も出てくるでしょう。松枯れなど生物的な要因で変化することもあるはずです。桜島の植生はどのように変化していくのでしょうか。数百年スケールで変化する一次遷移の実験は現在も進行中です。

黒神地区腹五社神社（黒神神社）のスダジイ（中央の太い幹）。境内から裏山にかけてのわずかな面積にスダジイ林が成立している。幹からの萌芽が多いのは降灰の影響だろうか

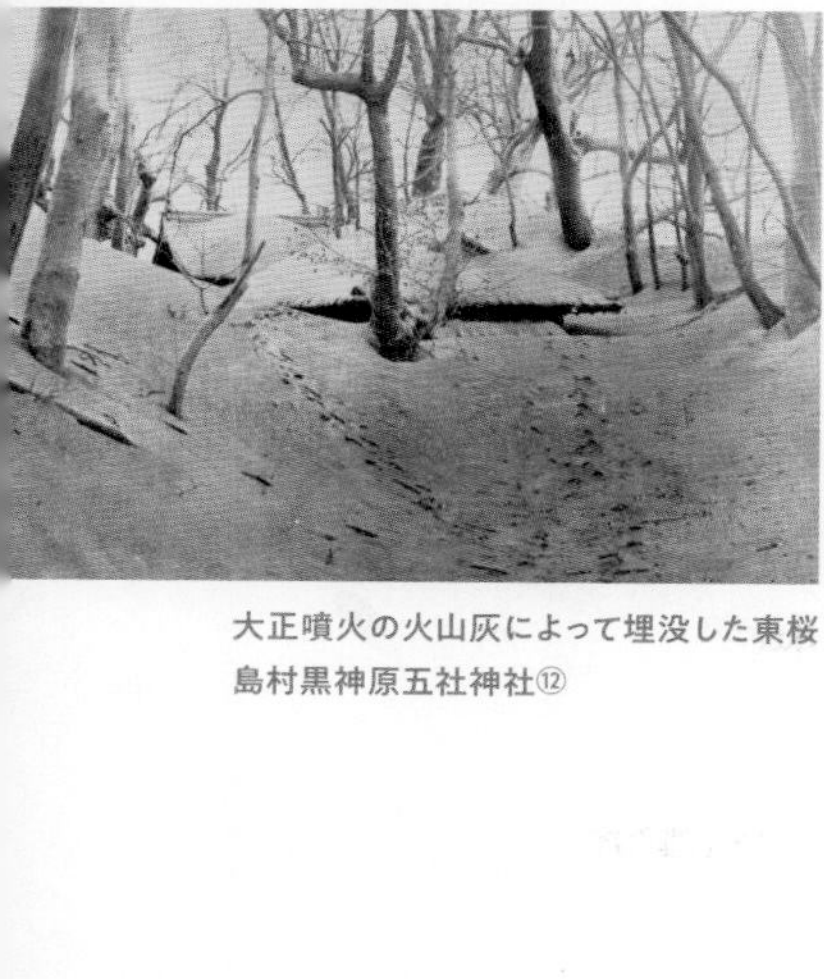
大正噴火の火山灰によって埋没した東桜島村黒神原五社神社⑫

火山と照葉樹林の島々

三宅島・御蔵島（伊豆諸島）

上條 隆志

噴火からよみがえる緑（2000年の噴火の20年後,2020年7月に撮影）。かつて地面がむき出しだった斜面はハチジョウススキ草原におおわれている。手前に見える濃い緑の斑は照葉樹のヒサカキやタブノキで、照葉樹林への回復のきざし。三宅島は、植生の再生力を体感できる島だ

八丈島からは、船で東京へ帰る。
火山がつくった伊豆諸島の島々を巡る旅だ。
噴火の歴史の違いから、姿の異なる
三宅島と御蔵島。
二つの島を訪れると、
噴火後の植生の変化を目の当たりにできる。
２０００年に噴火した三宅島の
１００年後の姿を思い描きながら歩こう。

三宅島（左）と御蔵島（右）（撮影　野田博之（三宅村））

火山の島の森

一日一往復する東京―八丈島航路の帰路は、伊豆諸島の島々を見る絶好の機会である。島々の大きさや形はいろいろだが、全て火山島。

三宅島と御蔵島を見てみよう。三宅島が裾の長い緩やかな山型であるのに対して、御蔵島はお椀を伏せたような形である。この違いは噴火の歴史による。噴火活動が活発な三宅島では、海岸まで溶岩流が流れるので裾は広がる。ところが噴火がないと、大地は波の力で削られてゆく。その結果、御蔵島のように島は崖に囲まれ、お椀を伏せたような形になる。大地が生まれ、育ち、そして老いてゆく。それが火山の島々の形から見える。

島々のもう一つの特徴は、温暖湿潤な気候条件で、照葉樹林の成立に適していることである。御蔵島は、照葉樹の代表であるスダジイの自然林に覆われることで知られる①。

温暖湿潤という気候的な特徴に火山活動が組み合わさったとき、植生をどうとらえればよいだろうか？　その答えは、「照葉樹林への遷移」である。植生が火山活動によって破壊され、回復する。その自然のプロセスを私たちは考えなければならない。

「遷移」とは

三宅島は、最近では、2000年、1983年、1962年、1874年に噴火している②。島の植生を理解するためには、噴火による破壊、そこからの再生（遷移）がカギになる。「照葉樹林の成立に適している」と述べたが、2000年に大噴火した三宅島の雄山《おやま》を中腹から望むとハチジョウススキの草原が広がっており[3][4]、照葉樹林は見当たらない。しかし、山を下る――火口から離れると、落葉広葉樹のオオバヤシャブシ、そして、照葉樹のタブノキが混ざりだす。被害が少なく、植生が回復した姿を観察すると、現在（2022年時点）みられる草原は、今後噴火がなければ照葉樹林へと移りかわることが予想される[3][5][6]。このような植生の時間的変化を「遷移」という。

しかし、本当にそう考えてよいのだろうか？証拠を求めて三宅島を歩こう。ただし注意点がある。島の山麓は噴火の影響が少ない一方で、人々が暮らし、森の姿を変えている。植生の自然のプロセスを理解するのは簡単ではない。

だが幸いにも、三宅島には人々が守り続けた手つかずに近い森がある。国立公園特別保護区に指定されている大路《だいろ》池周辺の森がその例だ。そこは、雄山とは全く違う豊かな森、スダジイとタブノキからなる森に覆われている。ここで初めて、「照葉樹林の成立に適している」という言葉が確証できる。三宅島は遷移の観察に適しているので、ブラックウェル社の「Ecology」[7]という世界的に使用されている生態学の教科書などにも紹介されている。

三宅島から御蔵島へ

私たちは、三宅島のハチジョウススキ草原を継続的に調査している。噴火後の裸地から草原への変化は劇的だった。その後、ヒサカキ、イヌツゲなどの常緑広葉樹も増加してきた[3]。この先、実

三宅島の大路池を取り囲むスダジイ自然林
（撮影　野田博之（三宅村））

際にどんな森になるのだろうか？

この草原が広がっているのは標高４００メートル以上の地点で、大路池のような山麓の森とは気温などの環境が異なるため、単純な比較はできない。２０００年に起きた噴火前の過去の植生データは残っているが、数百年後の姿を実際に今みたいとするなら、隣の御蔵島に行くことになる。

御蔵島は三宅島に最も近い有人島で、５０００年以上噴火していないと考えられている②。スダジイ自然林が広がり、三宅島と同じく巨樹が多い。およそ標高５００メートル以上になると、御蔵島を含む伊豆諸島にしかみられない森が広がる。それは、ヒサカキ、イヌツゲ、ツゲなどからなる照葉樹の低木林だ。この森は空中湿度が高く、樹木の幹は着生植物に覆われている①⑧。このような森は雲霧林ともよばれる、希少植物が多い貴重な群落である。これが、数百年、数千年後の三宅島の姿なのかもしれない。

表1　三宅島2000年噴火後の継続調査結果の例
（⑭,上篠 未発表データによる）

調査年	2007	2010	2015	2020
低木層の高さ（m）			1.7	2
草本層の高さ（m）	0.5	0.7	1	1
低木層の被植率（%）			40	100
高木層の被植率（%）	3	35	60	20
低木層出現種				
ハチジョウススキ			33	55
ハチジョウイタドリ			11	+
カクレミノ				+
ヒサカキ				+
草本層出現種				
ハチジョウススキ	+2	22	33	11
キリシマノガリヤス	+	11	22	22
ハチジョウイタドリ	+	22	22	11
オオシマカンスゲ	+	11	+	+
サルトリイバラ	+	+	+	+
シマタヌキラン		+	+	
カクレミノ			+	
カジイチゴ				+
イヌツゲ				+
ヒサカキ				+
ヤマノイモ				+
ナンバンギセル				+

御蔵島で最も太いスダジイ（御蔵島の大ジイ）。オオタニワタリが着生している。胸高直径6.2m（環境省巨樹巨木データベース kyoju.biodic.go.jp/の周囲長さより算出）

ここで「かもしれない」と書いたのは、三宅島の植生が再度噴火によって破壊される可能性があること、ツゲのように三宅島に生育しない種もあることなどのため、必ずしも遷移は時計通りに進行するわけではないからだ。しかし、遷移という眼鏡を通さないと、植生の魅力は伝わらない。ぜひ、三宅島のハチジョウススキ草原の将来を想像しながら、島々を訪ねることをおすすめしたい。

人と火山の島の植物たち

最後に、登場した植物たちの特徴と人とのかかわりについて紹介したい。

まず、オオバヤシャブシとハチジョウススキである。これらは、溶岩や火山灰などの上に真っ先に侵入する種である。オオバヤシャブシは窒素固定能力を持つ植物で、養分が乏しい土地でも生育できる特性があり⑨、ハチジョウススキは効率的に窒素を光合成に使う能力を持つ⑨⑩。島の人々は両種を伝統的に利用していて、オオバヤシャブシは窒素を増やす肥料木や適度な日陰をつくる目的で農地に植栽される。健康食として知られ、島の自生植物でもあるアシタバの畑とオオバヤシャブシという組み合わせをみかけることがある⑪。ハチジョウススキは、かつては茅葺《かやぶ》き屋根の素材や牛の飼料に使用され⑫、現在でも畑の防風や緑肥として使用されている。

スダジイはどんぐりが食用とされ、木材や薪炭としても利用された。また近年は、巨樹としての魅力が観光資源として着目されている。

御蔵島に生育するツゲは最高級木材の一つで、将棋の駒、櫛《くし》、印鑑などに加工され、天然木を枯渇させないために、古くから植林がされてきた⑬。このようなツゲ植林は全国的にも珍しい。火山島

空中窒素を固定できるオオバヤシャブシ。根の粒状の部分に共生する菌の働きで窒素固定能力が発揮される

の植物たちは人とともに生きてきたというユニークな側面も持つ。

100年後に残したい、未来の自然

ハチジョウススキ草原は100年後どうなるだろうか？　どのくらいの森になるのだろうか？　想像すればわくわくする。この自然のプロセスこそ、火山島ならではの100年後に「残したい」自然である。そして、島の豊かな森や草原とともに島の植物を利用する文化を途絶えさせないことも、これからの持続可能な社会づくりという観点から大切だと思う。

三宅島と御蔵島をはじめ伊豆諸島に自生するアシタバは、島の料理に欠かせない。アシタバとニンジンのナムル（左上）、アシタバとメダケのタケノコの天ぷら（右上）、ツナマヨネーズあえ（左下）、メジマグロの刺し身のつまに（右下）

オオバヤシャブシが緑陰として育成されているアシタバ畑（三宅島）

三宅島の旧島役所。東京都の文化財で、茅葺き屋根が維持されている

防風用に育成されているハチジョウススキ（三宅島）

山陰海岸・鳥取砂丘

砂丘の植物をどう守る？今とこれから

黒田有寿茂・永松 大

日本海を背景にそびえる砂丘列「馬の背」が印象的な鳥取砂丘

山陰海岸は、変化に富んだ多様な海岸地形が特徴的な景勝地。そこには、海岸域ならではの豊かな自然が息づいている。随一の規模を誇る鳥取砂丘では人の利用にさらされながらもさまざまな海浜植物が生育し生態系の基盤をつくっている。豊かな自然を守り、活かしつつ次代へ残していくためにわたしたちは何ができるだろうか？

海岸美と豊かな自然

山陰海岸（山陰海岸国立公園）は、京都府京丹後市の八丁浜《はっちょうはま》海岸から鳥取県鳥取市の鳥取砂丘までを含む総延長約75キロの海岸で、海食崖《かいしょくがい》、洞門《どうもん》、砂丘、砂州、海岸段丘《かいがんだんきゅう》など、変化に富む多様な海岸地形によって特徴づけられます。その海岸美は、古くから人々に親しまれてきました。

風光明媚《ふうこうめいび》な景勝地というだけでなく、砂浜・砂丘にはさまざまな海浜植物が生育し、固有種であるトウテイラン、草原生植物のヒゴタイといった希少な植物もみられるなど、豊かな自然が残されています①②。

海と海食地形、クロマツが映える浦富海岸（鳥取県岩美町）

さまざまな海浜植物がみられる丹後砂丘（京都府京丹後市）

固有種トウテイラン（オオバコ科）の生育する海岸風衝草原

養浜工事による立地の改変

山陰海岸の陸域は、ユネスコ世界ジオパークにも認定されている山陰海岸ジオパークのエリア内にあります。ジオパークでは自然環境の保全と活用の両立が求められていますが、自然が比較的よく残されている山陰海岸でも、人の影響による環境の変化や劣化は進んでいます。まず、有名な観光地でもある鳥取砂丘についてみてみましょう。

保全と活用の両立を目指す鳥取砂丘

日本列島の海岸沿いには、各地に砂浜・砂丘が発達し、海浜植物群落が形成されてきました。しかし砂丘は、周辺に住む人にとっては、砂が飛んでくるやっかいな存在です。古くから飛砂を止める植林が試みられて緑化が進み、海浜植物群落は全国的に希少化しています。

鳥取砂丘の規模は東西16キロと紹介されます。しかしここでも農地や住宅地などへの転換が進み、現在も砂丘地として残されているのは東西2キロほどの部分だけです。残された砂丘地には「馬の背」とよばれる高さ47メートルの砂丘に代表される独特の砂丘景観が維持され、国の天然記念物と山陰海岸国立公園の特別保護地区に指定されています。全国で海岸砂丘の改変が進むなか、天然記念物鳥取砂丘は雄大な景観に加え、大規模な海浜植物群落が残る海岸砂丘としても貴重な存在です。

馬の背に上がると、眼下に青い日本海が広がり

植生学メモ　海浜では、内陸に向かうにつれ、砂の移動や潮風の影響が和らいでいきます。このように、環境条件が連続して徐々に変化していくことを「環境勾配」とよびます。

ます。同時に、海岸線から続く広い砂丘斜面に緑を描く海浜植物群落が目に飛び込んできます。コウボウムギ、ネコノシタ、ハマゴウ、ケカモノハシ、ハマヒルガオ、カワラヨモギ、コウボウシバ、オニシバなどからなる自然度の高い海浜草原です。砂丘列の内陸側もまた印象的です。馬の背の内陸側に広がる丘間低地「オアシス」は常に湿っていて、コウボウシバの群落がまるで緑のじゅうたんのようです。鳥取砂丘では、大きな砂の起伏と海浜植物が場所を分け合う、モザイク状の景観がみられます。

鳥取砂丘では戦後に植林された周囲のクロマツ林が発達するにつれて砂が動きにくくなり、1980年代にはオオフタバムグラなど外来種が増え、在来海浜植物が面積を広げる「草原化」が起こりました。過度の草原化に対して、砂が動く生きた砂丘を維持し砂の景観を取り戻すため、関係団体が協働して1991年から継続的に除草が行われるようになりました③。

当初は増えすぎた植物量をトラクターによる除草で減らしていましたが、2010年代以降は市民ボランティアによる除草が増えています。毎年新たに発芽する外来種を駆除し、在来海浜植物を一定程度に抑えるため、除草は今も継続されています。これらの努力により現在は草原化以前の状態に近づきつ

じゅうたん状にコウボウシバが広がる鳥取砂丘の「オアシス」

植物が増えて「草原化」した鳥取砂丘
(1990年秋、清水寛厚氏撮影)

市民ボランティアによる夏季早朝除草

植生学メモ 海浜の植生は、内陸に向かう環境勾配に沿って、草本主体の群落から矮小低木林、低木林、高木林へと移り変わります。

つあります。鳥取砂丘は車馬乗り入れ禁止ですが、毎年100万人を超える観光客が訪れるため踏みつけの影響が大きく[4]、海浜植物群落の保全と観光振興の両立は依然として大きな課題です。

地域の海浜植物を守るには

海浜植物の中には、砂浜・砂丘の開発などによってその数を減らし、もうみられなくなってしまうのではと心配される種も少なくありません[5]。こうした絶滅危惧種を含め、地域の海浜植物を保全していくためには、それぞれの砂浜・砂丘で個々の種がどのように分布・生育しているのか知る必要があります。鳥取砂丘については先にふれましたが、山陰海岸全体でみると、どのような状況でしょうか？

鳥取砂丘以外の砂浜・砂丘（43か所）を歩いて調べたところ、計30種の海浜植物を確認することができました[6]。鳥取砂丘では、このうち20種と比較的多くの種が生育しています[3]。鳥取砂丘にしかいないという種はありませんが、山陰海岸の海浜植物を保全していくうえで、当地は重要なエリアといえるでしょう。

海浜植物それぞれについてみると、世界の熱帯から温帯にかけ広く分布するハマヒルガオは、43か所全ての砂浜・砂丘でみられました。また、いくつかの砂浜・砂丘で植生調査を行ったところ、ハマヒルガオは海側で多かったものの、やや内陸側でもふつうに生育していました[7]。

一方、イソスミレ、ハマウツボなど、環境省の絶滅危惧種にも指定されている海浜植物がみられるのは、面積の大きい砂浜・砂丘に限られ、その生育はやや内陸側に偏っていました。広い砂浜・砂丘、そして開発

ハマヒルガオ

イソスミレ

スナビキソウ

されやすい内陸側のエリアを守ることは、これらの種を保全するうえで極めて重要と考えられます。

また、府県の絶滅危惧種に指定されているスナビキソウの分布は、砂浜・砂丘の面積と関連が認められず、海側に偏って生育していました。そのコルク質の果実から、海流散布植物と考えられるスナビキソウの定着には、不安定ながらも打ち上げ物がときおり堆積するような、波打ち際の環境が深くかかわっているようです。

地域の海浜植物を守っていくためには、鳥取砂丘でふれた外来種問題などへの対応と合わせ、砂浜・砂丘の環境特性や海浜植物群落のなりたちについて、理解を深めていくことが重要といえそうです。

表　山陰海岸の海浜植物群落

砂浜・砂丘10地点でベルト状に調査区を設置し、得られた植生調査資料287点を用いて群落区分と指標種の抽出を行いました。数値は出現頻度（%）を示しています。海から内陸に向かって群落はA-I、A-II、B（B-IとB-II）と移りかわり、内陸植物が多くなります

指標種		群落 A-I	群落 A-II	群落 B-I	群落 B-II
群落 A-I					
ハマヒルガオ	海	69.6	28.8	35.7	77.8
コウボウムギ	海	76.8	4.9	21.4	3.7
ハマニガナ	海	43.5	13.5	・	・
スナビキソウ	海	26.1	・	・	・
群落 A-II					
ハマゴウ	海	18.8	92.6	46.4	18.5
カワラヨモギ	内	7.2	79.8	42.9	18.5
ハマボウフウ	海	7.2	62.0	・	11.1
ハマベノギク	海	・	55.8	7.1	・
ハマウツボ	海	・	32.5	7.1	3.7
アメリカネナシカズラ	外	5.8	30.7	・	・
ウンラン	海	・	27.0	・	18.5
イソスミレ	海	・	27.0	・	7.4
アナマスミレ	海	・	25.8	7.1	・
群落 B-I					
チガヤ	内	・	2.5	89.3	81.5
ヘクソカズラ	内	・	3.1	85.7	44.4
テリハノイバラ	内	・	1.8	82.1	18.5
オオマツヨイグサ	外	1.4	6.7	53.6	3.7
スイバ	内	1.4	1.2	67.9	7.4
トウテイラン	海	・	・	42.9	・
群落 B-II					
ツリガネニンジン	内	・	1.8	・	51.9
アオカモジグサ	内	・	・	・	59.3
スズメノヤリ	内	・	・	・	55.6
ユウスゲ	内	・	・	・	51.9
ネザサ	内	1.4	・	・	48.1
ナミキソウ	海	・	・	・	48.1

注）海・内・外は海浜植物、内陸植物、外来植物を表す。調査区数はA-I が69、A-II が163、B-I が28、B-II が27。⑦より抜粋・改変して作成（No.1039）

風雪が作り出した芸術作品
——異形の天然スギ

崎尾 均

佐渡島の天然スギ林の相観

佐渡島は日本海に浮かぶ日本第二の島嶼である。
金山で知られるが、森林資源も豊かで、
天然林は江戸時代には
幕府の直轄地である「御林」として保護されてきた。
その林に、一見スギと思えないような
「異形のスギ」が高い密度で息づいている。
風雪が形作ったそのスギを擁するこの島は、
本州と一度もつながったことがなく、
その生物相の形成過程はいまだ謎のままである。

幕府直轄林として守られた天然林

佐渡島は歴史的にも非常に興味深い島で、過去には皇族、僧侶や文化人が政治犯として流されてきたこともある。また、江戸時代からは相川《あいかわ》などの金山で採掘が行われ、江戸幕府が奉行所を置いていた。当時の相川の人口は5万人に達しており、木材資源の需要が大きかったため、島内の森林は乱伐された。これに対し幕府は、島内279か所に幕府直轄の山林である「御林《おはやし》」を設置して森林資源の保全を図っていた。

新潟大学佐渡演習林の大部分は、その「御林」だったエリアのなかにあり、天然のスギやヒノキアスナロが広く分布している。直径が2メートルを超え、樹齢は500年程度と推定される巨木のスギもみられる。演習林が設置された1955年以降、経営のため林道の開設や天然林の伐採が進んだが、今世紀に入ってからは経営方針が転換し、天然林の保全や教育利用が進み、伐採も行われていない。

天然スギ林の林内のようす

異形のスギ

スギは日本固有種で、その分布は本州最北端の青森県から鹿児島県の屋久島までと広い。しかし、現在残る天然スギの林はごくわずかである。その

植生学メモ
スギは湿潤な環境を好んで分布している。そのため、天然林は日本海側の積雪地帯に多い。また、屋久島のように年間の降水量が多い場所でも、優占種として広域分布している。

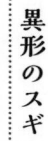

わずかな天然林の一つが、佐渡島北部にある大佐渡山地の、標高800メートル前後の尾根沿いに残っている。この地域は、夏でも上昇霧が頻繁に発生し①、スギの葉が霧をとらえるため林内雨が降ることも多い。そのため林内は夏でも涼しく、年間を通して湿潤な環境に覆われている。しかし一方、冬季には3メートルを超える積雪と、数十メートルの強風にさらされる。スギの天然林も、林床は12月から5月まで積雪に覆われてしまう。

屋久杉などのような樹齢1000年を超えるような個体を除けば、普通のスギの幹はまっすぐで、樹冠は細長い二等辺三角形である。ところが、この天然林では、スギとは思えないような樹形や枝振りを示す個体がみられる。枝はマンモスの牙のように曲がり、幹も激しく湾曲している。極端な場合は、ほとんど上に伸びずに地面際で幹を太くし、ずんぐりむっくりとした形をとっているものさえある。また、旗状に一方向にしか枝を伸ばし

冬季の積雪で下枝がマンモスの牙のように湾曲した天然スギ

連結スギと呼ばれる異形のスギ。多くの幹が連結して、どこからどこまでが1個体なのか見当がつかない。冬季の雪圧によって形成されたと考えられる

冬季の強風によって伸長成長が抑えられ、肥大成長だけを続けている天然スギ

植生学メモ｜植物には種子による有性繁殖と、枝・葉・根などからクローンを形成する無性繁殖が見られる。スギは後者の代表的な樹種である。

ていない個体もみられる。これらの異形のスギは、冬季の積雪と強風によってつくり出されている。

スギの繁殖には、種子から実生が発生する有性繁殖と、枝などからクローン個体をつくる伏条更新《ふくじょうこう しん》（無性繁殖）が知られている。分布域の広いスギは地域によって異なる性質を持っており、日本海側に分布する「アシウスギ」とよばれる変種は、主に伏条更新で繁殖するタイプが多い。林業でスギの苗木を生産する場合にも、実生苗と挿木苗の2種類を利用している。天然林では、雪の重みなどでしなり、地面に接した部分から根や芽が出、親木の枝が枯れると新しい個体として独立するという形で伏条更新が起こっている。

私たちは、佐渡島のスギの天然林で伏条更新個体の状況を調べてみた②。すると、ひとくちに伏条更新といっても、そのタイプが異なることが明らかになった。実生が成長する過程で雪圧によってテーブル状の低木が形成され、ある程度成長した後に数本の幹が立ち上がってくる場合、成長した幹の下枝が雪圧によって地面に接触して発根し新たな幹となる場合、倒木の後に枝が立ち上がって幹に成長する場合の3タイプである。

無機質の土壌で発芽したスギの実生

冬季の積雪によって地面に引き下げられる下枝

植生学メモ

日本固有種のスギは太平洋側に分布するスギと日本海側に分布する変種のアシウスギに分けられる。屋久島のスギは遺伝的多様性が高く、これらのスギとは分化している。

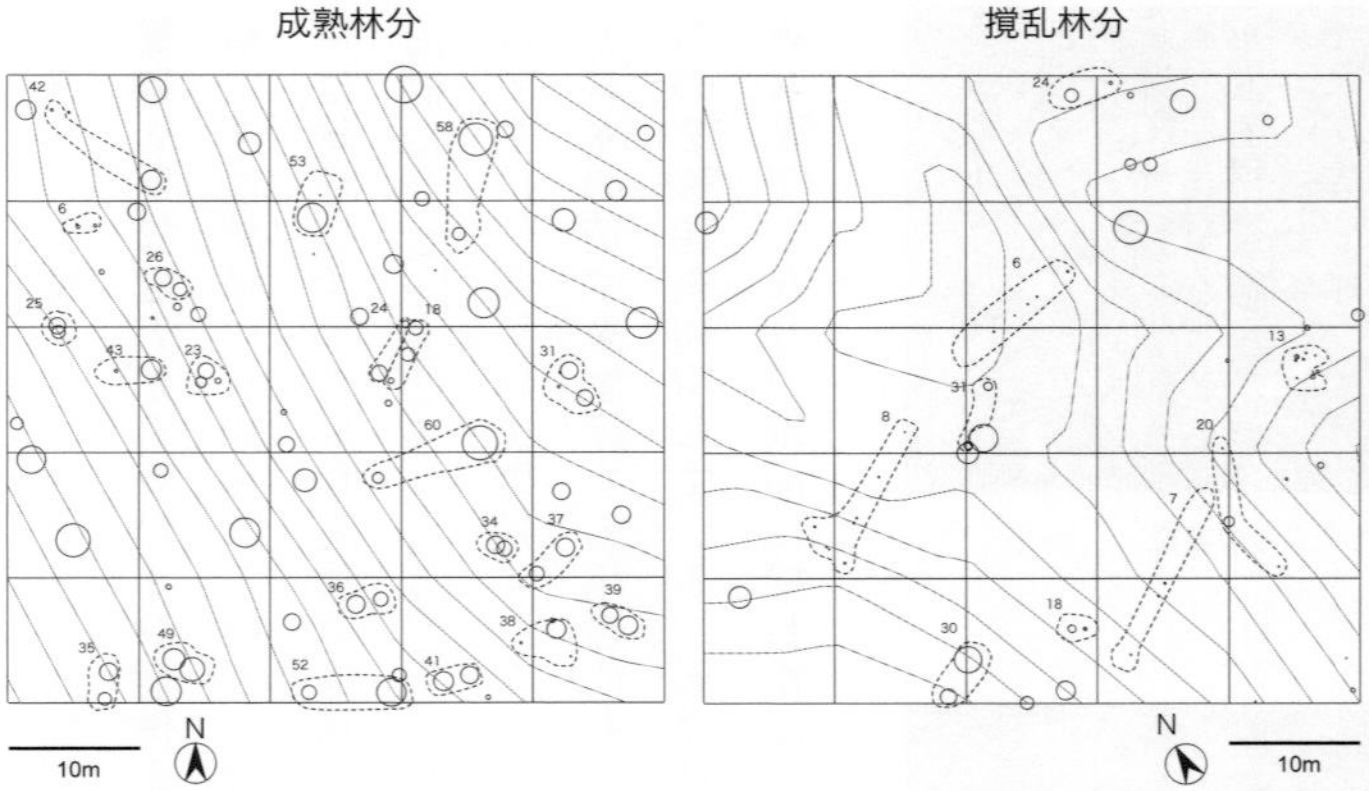

クローンの空間分布②

丸の大きさは胸高直径を表す。破線で囲んだ幹は同じジェネット（株分かれなどで独立しているが、遺伝的には同じ個体=クローンの集まり）に属す。等高線の間隔は1メートル

スギのクローン幹の模式図②

丸は幹を鉛直投影したものを表し、破線はジェネットの範囲を表す。aは稚樹の時代に雪圧で匍匐し、株立ち樹形になった幹がそのまま成長したジェネット、bは成木の枝が雪圧で地面まで下がり接地してできた幹、cは根返り木の枝が生存して成長を続けているジェネットである

天然林の生物たちの謎

独特の樹形を持つ個体を含む天然林のスギは、かなり高い密度で分布しており、サワグルミ・ミズナラ・ホオノキ・イタヤカエデなどの落葉広葉樹と混交している。亜高木層には、ナナカマド・アオダモ、低木層は、常緑性のヒノキアスナロ・エゾユズリハ・ハクサンシャクナゲ・ツルシキミ、落葉性のヤマモミジ・オオバクロモジ・オオカメノキなどの低木によって構成されている。林床の草本層には、オオイワカガミ・ユキザサ・フッキソウ・チゴユリ・マルバフユイチゴ・リョウメンシダなどの他に、シラネアオイ・ツバメオモト・クルマユリ・サンカヨウ・ハナヒリノキなど本州では山地帯から亜高山帯の標高の高いところに分布する植物と、カタクリ・キクザキイチゲなど里山に分布する植物が混在している。また、林道際の明るい立地には、ダイモンジソウやモウセンゴケなど渓流や湿地に分布する植物もみられる。この一帯は気候的には東日本のブナ帯に位置しているが、ブナの分布域は非常に限られている。

地質の大部分は緑色凝灰岩などの岩石で形成され、尾根は比較的なだらかで、池や湿地が点々と連続して分布している。特に、春先の雪解け後には季節的な湿地が出現してクロサンショウウオやモリアオガエルなど両生類の産卵場所となっている。

佐渡島は、約300万年前に日本海の海底から隆起して形成されたのが起源とされている。その後、最終氷期最寒冷期においても本州とつながることはなかった。佐渡島の生物がどのように移動してきたかは、現在でも謎のままである。

現在、スギ天然林を含む演習林には、教育を受けた専門のガイドが案内するエコツアーに参加することで入林が認められ、特に春先の美しい花が咲き乱れる季節には、多くのツアー客が演習林を訪れている。ツアーに参加し、佐渡の生物を実際に見、謎解きに参加していただきたい。

大津波から、着々と回復中

東日本大震災の被災海岸

島田直明・平吹喜彦

奇跡の一本松とユースホステル(震災遺構)の周辺。被災直後は何も生えていなかったが、間もなくハマヒルガオなど海浜植物のお花畑が広がり始めた(2017年6月　陸前高田市高田松原)

東日本大震災を引き起こした
巨大な地震と津波。
海辺は、壊滅的と形容される
甚大な被害を受けた。
しかし、このまれにみる攪乱があっても、
自生種は新たな環境にあわせて、すばやく再生した。
砂丘にはハマエンドウやハマヒルガオ、
湿地にはタコノアシやリュウノヒゲモ。
東日本大震災の被災地は、
生態系のしなやかで強靭な回復力を実感し、
活用する場にもなっている。

東日本大震災直後の海辺

2011年3月11日は、私たちにとって忘れられない日になりました。あの日、東日本大震災を引き起こした巨大な地震や津波が日本列島を襲い、東北地方の太平洋沿岸域に、壊滅的と形容される甚大な被害をもたらしました①。

大震災後しばらくは、被害を受けた海辺で調査をすることはもちろん、訪問することさえはばかられました。ようやく海辺に行くことができたのは、被災地に少しだけ落ち着きが戻った初夏のころでした。現地で私たちは、数百年から1000年に一度という巨大な地震・津波のすさまじい破壊力を目の当たりにして、言葉を失いました。しかし一方では、攪乱に対する動植物や生態系のしなやかで強靭な回復力（生態系レジリエンス）に、あちこちで遭遇することにもなりました。この出会いが、絶望的な気持ちに希望を灯し、私たちが取り組むべき活動を見出すきっかけとなったのです。

大津波が植栽由来のクロマツをなぎ倒し、防潮堤のコンクリートブロックや捨て石、水際の砂や泥を内陸方向に押し流した（2011年7月　仙台市宮城野区新浜）

地盤沈下の大きかった海岸では、海岸林が海に沈んでしまった（2012年3月　陸前高田市高田松原）

植生学メモ

【攪乱】津波や台風、洪水といった自然現象、あるいは土地造成や踏みつけといった人為によって、大なり小なり植生や生態系が破壊されるようなできごとを、生態学では「攪乱」とよぶ。人の生命や財産に影響が及ぶ攪乱は、災害とみなされる。

被災から5年目、低平な砂浜の奥部で分布を拡大するハマヒルガオ（2015年6月　仙台市宮城野区新浜）

被災から3年目、砂丘で再生するハマエンドウやハマナス（2013年6月　野田村十府ヶ浦）

海辺の生態系レジリエンス

被災した海辺のなかには、砂浜海岸を構成する砂浜（前浜と後浜）、砂丘、後背湿地が丸ごと、あるいはその大部分が、海中に沈んでしまった地域もありました。反面、地表が削られたり、逆に流されてきた砂や泥が堆積したり、あるいは植物が折られたり、流されたり、埋まったりしたものの、被災前の生態系（立地と動植物の組み合わせ）が残っていた地域も少なくありませんでした。自然がもたらす破壊（自然攪乱）は、一様・均質なものではなく、動植物や生態系が自ら再生しうる素地（生物学的遺産）を残すという現象が知られています。壊滅的とされた被災地でも、この現象が確認されたこと②は重要です。生態系が残った地域では、新たな裸地に、その環境に見合った自生種が侵入・再生し始めたのです③。砂浜海岸の立地と関連付けながら、自らしなやかに再生し始めた植生の事例を紹介したいと思います。

砂丘では、海に近いところにコウボウムギやハ

植生学メモ　【後背湿地】海岸では砂浜と砂丘から構成される浜堤、平野では河川に沿った自然堤防といった地形の高まりの背後にある、周囲よりも標高が低い湿地帯を「後背湿地」とよぶ。

マニガナ、ハマヒルガオ、内陸に進むにつれハマエンドウ、ウンラン、ハマナスといった海浜植物が砂上に現れ、さっそくお花畑が復活した場所も散見されました。

震災前、後背湿地内の少し高くなった場所から砂丘にかけて、クロマツ林が広がっていました。古くは400年ほども前から植え継がれ、徐々に奥行きを増してきた白砂青松の森です。そこでは、地盤の沈下・液状化と津波に耐えた高木が列状・斑状に残り、また林床に生育していたヒメヤブランやヤブコウジ、ドクウツギ、ホツツジなど多くの草本・低木植物が生き残り、再生していました。

砂浜・砂丘の背後にある後背湿地や小河川では、タコノアシやアイアシ、ツツイトモ、リュウノヒゲモ、ミズアオイなど、絶滅危惧種に指定されている湿生・塩生植物を各地で確認することができました④。

倒壊した高木と残存した高木が、列状・斑状に混在する内陸側のクロマツ海岸林(2011年6月 仙台市宮城野区新浜)

高木の倒壊・残存によらず、被災直後から若葉を広げた林床の草本・低木植物(2013年6月 仙台市宮城野区新浜)

ミズアオイ

リュウノヒゲモ

タコノアシ

海岸植物はもともと、塩分を含んだ強風、飛砂、高波、河川を介した洪水といった自然攪乱が頻発する海辺で生活してきました。種それぞれが生活環境（ハビタット）に応じて、巧妙なからだのつくりや生育・繁殖様式を獲得してきたと考えられています。数百年から1000年に一度という今回の甚大な攪乱にも、地中に長く伸びる地下器官や長期にわたって土中で休眠していた埋土種子が効力を発揮して、個体や種の存続を実現させたようです。

生態系に配慮した復興工事

このように被災後すばやく再生し始めた自生種ですが、すぐに次の試練を受けることになりました。生活再建のために被災後の復興工事が急がれたこともあり、再生した動植物や生態系が、工事によって荒廃・消失してしまった海辺が少なくありませんでした。

表砂とともに海浜植生をまるごと移植して2年目の保全対象地。
ハマエンドウやナミキソウなどの群落が再生した（2020年6月　野田村十府ヶ浦）

しかし、次第に生態系に配慮した事例もみられるようになりました。例えば、防潮堤を陸側に移動するセットバックや保護区の設置によって海辺の立地と植物を保全した海岸（仙台湾南部海岸⑤や松川浦⑥など）、地域由来の植物を利用して海浜植物群落の再生を行った海岸（仙台湾南部海岸や十府ヶ浦⑦など）があります。また、復興祈念公園として整備された高田松原では、地盤沈下と津波によって消失した砂浜や潟湖《せきこ》が復元されました。砂浜には海浜植物を始め、スナガニなどの底生動物も戻ってきました。潟湖にはツツイトモなどの水草や水鳥が現れ、生物多様性や治水・水質浄化などの機能の回復が期待されています。海水浴や散策を楽しむ海辺として、かつての日常もよみがえりつつあります。

健全な生態系を活用した防災

大津波から12年目を迎えた海辺では、攪乱によって生まれた多様な立地で、自生する動植物の再生と分布拡大がさらに進行しています②。一方、広域に及ぶ復興工事では、内陸から運び込まれた土石やコンクリートを用いた盛土、防災施設、道路、水路などの建造が展開され、外来種や内陸種を呼び込むなど、海辺本来の生態系や景観が様変わりしてしまいました。

巨大な地震や津波、気候変動による災害のおそれが高まり、人口減少による土地利用や社会構造の変革が求められる時代にあって、自然環境の保全と防災施設の両立は、持続可能な地域を実現するための重要な課題の一つです。東日本大震災で被災した海辺は今、壊滅的な攪乱さえ克服しようとする動植物や生態系の、しなやかで強靱な回復力を確認する場として、そして健全な生態系を活用した防災・減災を考える場として機能しつつあります。

植生学メモ

【潟湖】湾が砂洲によって外海と切り離されてできた湖。外海から完全に切り離されているものは少なく、干満の影響を受け、塩分濃度の変化が大きい汽水域になっていることが多い。

西日本最高峰に残された森林と草原

石鎚山

比嘉 基紀

朝日に染まる石鎚山天狗岳とアケボノツツジ

西日本最高峰・日本百名山・日本七霊山の一つ石鎚山には、行楽シーズンの連休ともなれば、四国内だけではなく近畿・中国・九州地方からも多くの登山者が訪れる。石鎚登山の最大の醍醐味は、なんといっても険しく切り立った山頂からの眺望であるが、山頂から南側の斜面に広がる植生も魅力に富んでいる。

石鎚山山頂（天狗岳）から西方を望む。頂上社のある弥山から西ノ冠岳と山頂南側斜面が続く。稜線付近から斜面下方の面河渓にかけて、シラビソ林、ササ草原、落葉広葉樹林が続く

残された自然植生

石鎚山《いしづちさん》は古くから山岳信仰の対象とされ、「古事記」や「万葉集」にもその名が登場する①。四国八十八ヶ所霊場（四国遍路《へんろ》）を開いた弘法大師空海も、791年に石鎚に登ったとする記録もある。山中には石鎚山を神体山とする石鎚神社の社殿があり、表参道ルートには成就社が、土小屋ルートには土小屋《つちごや》遥拝殿があり、山頂には頂上社がある。

石鎚山は、西に二ノ森、堂ヶ森《どうがもり》、南東に岩黒山《いわぐろやま》、筒上山《つつじょうさん》、手箱山《てばこやま》の稜線が連なり、南側の面河渓《おもごけい》を山々が取り囲むような地形をしている。面河渓は、清流として名高い仁淀川《によどがわ》（面河川）の源流部の渓谷で、紅葉の名所としても知られている。石鎚山山頂から面河渓にかけての流域は、国指定の名勝「面河渓」（1933［昭和8］年）として保護されている。また、堂ヶ森から手箱山の稜線付近から五代ヶ森《ごだいがもり》と面河渓を含む一帯は、石鎚山系森林生態系保護地域にも指定されている。

四国山地の大部分はスギやヒノキの人工林に置き換えられてしまったが、石鎚山の、特に山頂南側斜面は、このような歴史的背景により自然度の高い植生が残された。暖温帯上部から亜高山帯の植生の垂直分布を観察できる数少ない場所である。

植生の垂直分布

日本の自然植生の垂直分布は、教科書などでは、暖かいほうから常緑広葉樹林（照葉樹林）、落葉広葉樹林、亜高山帯針葉樹林（常緑針葉樹林）、高山植生と移り変わるとされている（192ページ参照）。しかし、石鎚山では面河渓（標高700メートル）から山頂（1982メートル）にかけて、モミ・ツガ林からブナ林（落葉広葉樹林）、ササ草原、シラビソ林（亜高山帯針葉樹林）へと移り変わる。常緑広葉樹林（照葉樹林）がみられないのは、面河渓よりも低い場所では人工林と二次林が多いためだ。では、モミ・ツガ林とササ草原とはどのような植生なのだろうか？

石鎚山にはいくつかの登山道があるが②③、垂直分布の変化を堪能できるのは面河コース（約7.5キロ、約5時間20分）である。面河登山口（標高約700メートル）から歩みを進めると、

モミ・ツガ林。岩塊斜面に成立することが多い

ブナの優占する落葉広葉樹林。高木の密度が低く、下のほうの枝も横に広がるのが特徴である

1500メートルまではモミ・ツガ林が広がる。モミ・ツガ林は常緑広葉樹林から落葉広葉樹林への移行帯でみられる森林植生で、温帯性針葉樹のモミとツガと、常緑広葉樹のウラジロガシやシキミ、ツルシキミなどが生育し、標高が上がるにつれて落葉広葉樹のブナと混生する。四国山地のほかには九州山地や紀伊半島でも観察することができる。

モミ・ツガ林を抜けると1700メートルまではブナ林が広がる。石鎚山と白神山地(32ページ)のブナ林と見比べると、高木の密度が低く、また下のほうの枝を横に広げている個体が多い。これは、若木（稚樹）段階から成長の妨げとなる競争相手が近くにはいなかった（樹木密度が低かった）ことを反映している。

より高所では一気に視界が開けてイブキザサのササ草原へと移り変わる。ササ草原から石鎚山の山頂を見上げると、山頂部周辺やササ草原内にシラビソ林がみえる。石鎚山は亜高山帯針葉樹林の分布の南限にあたり、シラビソはこの森林を構成する唯一の針葉樹である。シラビソ林やササ草原では、シコクイチゲ（ハクサンイチゲの変種）やミヤマダイコンソウ、キバナノコマノツメ、タカネマツムシソウなどの高山植物も観察することができる。

石鎚山の紅葉。山頂南側斜面（ササ草原）から岩黒山、筒上山を望む。標高が下がるにつれて、紅葉している落葉広葉樹林からモミ・ツガ林へと移り変わるのがわかる

落葉広葉樹林を抜けるとササ草原とシラビソ林が広がる。面河登山道から石鎚山山頂を望む。山頂直下では、落葉広葉樹林からシラビソ林へ移り変わるのがわかる

できる②③。

日本はその大部分が森林の成立可能な気温と降水量の範囲内にあるが、四国山地では石鎚山以外にも石鎚山系の瓶ケ森《かめがもり》から笹ケ峰《ささがみね》、平家平《へいけだいら》にかけての稜線や、剣山系剣山《つるぎさん》や三嶺《みうね》（「さんれい」とも読む）、天狗塚《てんぐづか》の稜線などにもササ草原が広がっている。四国山地の稜線付近にはなぜササ草原が広がっているのだろうか？　その成因については良くわかっていない。

四国山地のササ草原は東北地方の偽高山帯（216ページ参照）と対比されることがある④。偽高山帯は、積雪の多い地域に成立する植生である。しかし、四国山地ではササ草原より高所にシラビソ林が成立するので、積雪や低温が森林の成立を妨げているとは考えにくい。かつて標高の高い場所でも焼き畑が行われていたため、火入れや森林火災の跡地にササ草原が成立したとする説が有力とされている。

石鎚山では、保護の歴史を反映してか針葉樹の

多様性も高い。面河渓周辺の斜面ではモミ・ツガ林が広がるが、痩せ尾根にたどり着くと森林のようすが一変しヒノキの天然林をみることができる。ヒノキのほかにはコウヤマキやアカマツ、ヒメコマツを観察できる。植生の変化とともに、針葉樹を見比べながら登るのも楽しい。モミの木の仲間では、低標高からモミ、ウラジロモミ、シラビソへと移り変わる。ツガのなかまでは、ツガのほかに個体数が少ないながらも高所ではコメツガも分布する⑤。ブナ林の広がる標高帯では、ウラジロモミ林を観察することもできる。

書きつくせない魅力

石鎚山は地史的にも歴史的にも非常に魅力的な山だ。切り立った山頂の断崖はどのようにして形成されたのだろうか。なぜ石鎚山山頂は火砕流堆積物でできているのだろうか。面河渓にはなぜ白く美しい花崗岩があるのだろうか。石鎚山の魅力は書ききれないので、興味のある方は、ほかの文献①②⑥を参照してほしい。

痩せ尾根上のヒノキ林。面河渓では、コウヤマキやヒメコマツ、モミ、ツガ、アカマツなどさまざまな温帯性針葉樹を観察することができる

上高地と乗鞍、違いを比べてみよう

北アルプス

島野 光司

梓川の礫地。やや比高の高いところにヤナギ類がみられる

植生学に興味を持ったら、
北アルプスの景色を見に行こう。
目的地は、上高地と乗鞍。
関東方面からも関西方面からもアクセスが良く、
どちらもバスで登っていける。
窓から移り変わる植生の姿を眺め、
バスを降りたら少しハイキング。
出会う植物に注意を払おう。
同じ高山の植物群落で、
似ているところと違うところを比べてみよう。

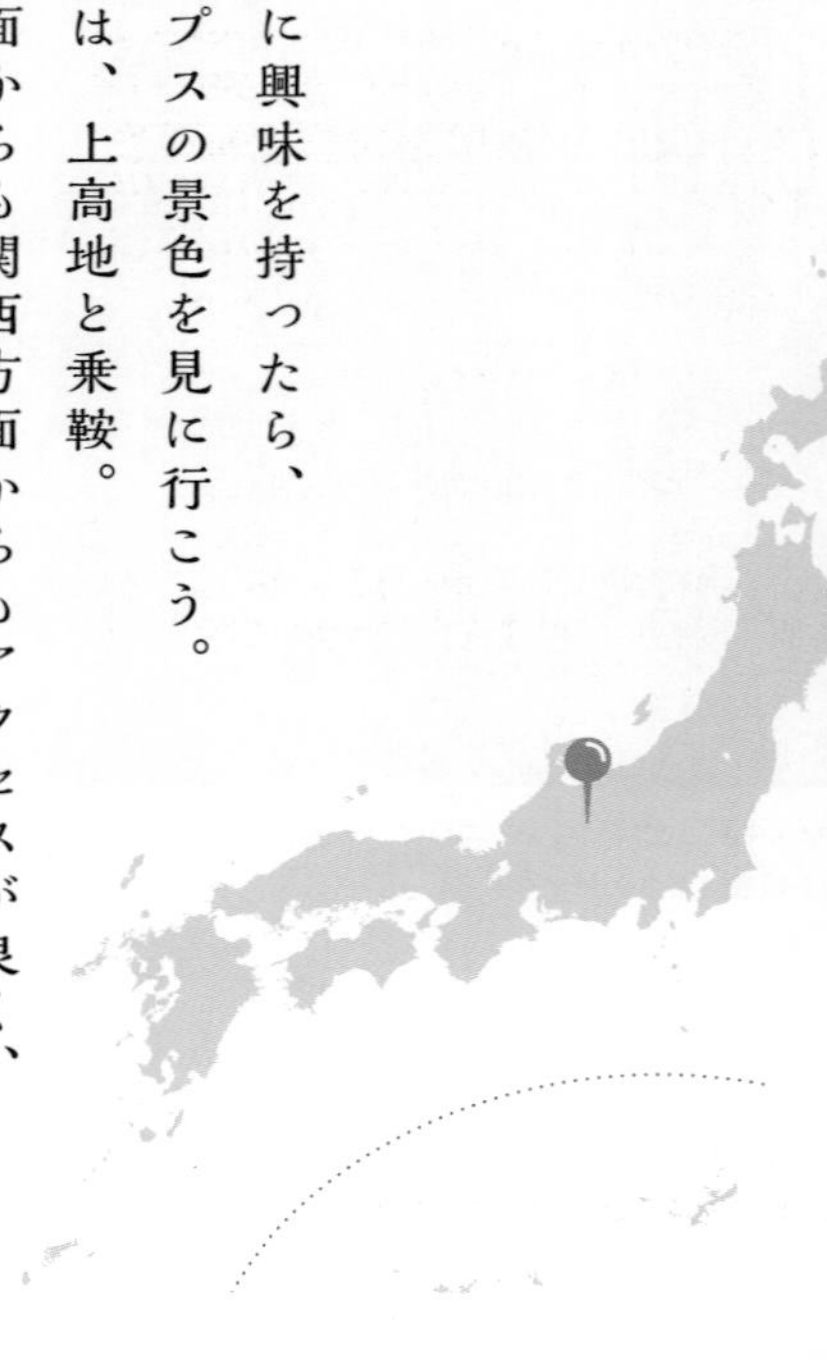

では、乗鞍岳と上高地の植物群落をみていこう。なぜこの2つの地域を？　それは、この2つの地域は異なる植生景観を持つが、どちらも飛騨山脈の一部だからだ。そして東京方面からなら長野県松本市の新島々駅を起点に、一方、名古屋や関西方面からは岐阜県飛騨高山市の平湯バスターミナルから乗鞍岳、上高地の両方にバスが出ている。遠方からわざわざ訪れるのであれば、やはり両方ともみておきたい。

乗鞍にみる植生景観の変化

植生景観、という表現を使った。ここでは、一つ一つの群落だけではなく、植生の移り変わりについてもみていくことにするからだ。長野県の乗鞍観光センターからバスで乗鞍岳・畳平を目指してみよう。観光センターは、標高1454メートルほどの、標高帯でいえば山地帯、植生帯でいえば落葉広葉樹林帯（夏緑樹林帯）にある。周囲にはカラマツの植林があるが、落葉広葉樹のシラカンバやミズナラ、カエデのなかまなどが生育している。道を登って国民休暇村を過ぎると、シラカンバに混じってダケカンバが増えてくる。どちらもカバノキ科カバノキ属の樹木だが、ダケカンバは亜高山帯の常緑針葉樹林帯に生育する種だ。道の周囲は樹木が伐採されることが多いので、山地帯の代表種ブナから亜高山帯の代表種オオシラビソに樹種が入れかわることをみるのは稀だが、シ

山地帯と亜高山帯の移行域。それぞれの標高域を代表するシラカンバとダケカンバが同所的に生育しながら入れかわっていく。左の白い幹肌の樹木がシラカンバ、右の薄橙色のものがダケカンバ

ラカンバとダケカンバの入れかわりはわかりやすい。もっとも、どこかの標高できっちり生育地が切り替わるのではなく、徐々に出現割合が入れかわっていき（山地帯から亜高山帯への移行域）、そのうちシラカンバがみられなくなる。亜高山帯に到達した。

亜高山帯をさらに登っていく。オオシラビソ、ナナカマドが目につくようになる。ナナカマドはもともと低木だが、20メートル以上にも生育できるオオシラビソの樹高が、徐々に低くなってくる。森林限界が近づいてきているのだ。こうした森林や樹高の変化を体感できるのは実に爽快。やがてバスは高山帯・ハイマツ帯に入り、畳平に到着する。

ここから主峰剣ケ峰を目指すのもよい。途中、火口湖がみられたり、山頂からは、乗鞍高原が溶岩が流れてできた舌状の地形上にあることがわかり、この山が隆起によるのではなく、火山起源であることを実感できる。コマクサも咲くし、途中ライチョウをみることもある。

秋の畳平・お花畑。花を見るのであれば夏が望ましいが、秋には秋でオヤマリンドウの花などが見られる

が、高山植物をみるだけなら、畳平から整備された階段を降り、いわゆるお花畑をみるとよい。バスを降りてこんなに簡単に行けるお花畑もなかろう。私のように足や腰の弱い人には天国のようなところだ。クロユリやオヤマリンドウ、イワギキョウやヨツバシオガマなど種名を上げればキリがない。ただし、それぞれ花の咲く時期が異なるので事前に調べておくか、あるいは季節を違えて

また来たい。

種数―面積曲線をみてみよう。これは、植物群落をベルト状に長く調査面積を広げていき、始点から始めて新しく出てきた種を数えていく調査方法による調査結果だ。歩きはじめは「初めて」の種が多く出現するが、徐々にこうした「新種」は減っていき、曲線は飽和する形のカーブを描く。乗鞍の畳平のお花畑では、このカーブの立ち上がりが早く、しかし飽和するのも早い。種数は20種ほどで決して多くはないが、まぜこぜに一度に出てくるような印象で、調査結果もこれを支持している。あとで上高地と比較してみよう。

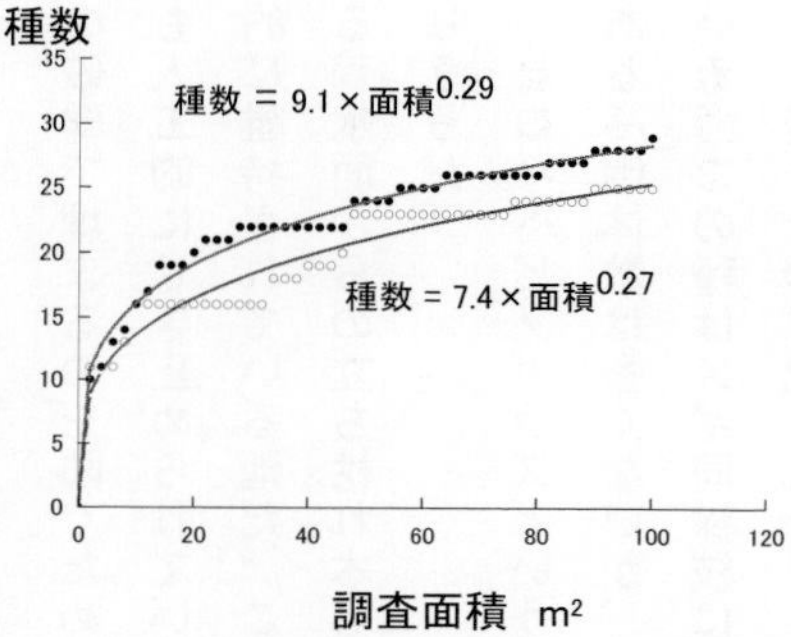

乗鞍岳・畳平のお花畑における種数−面積曲線。調査面積を広げると一気に種数が上がるが、生育できる種は限られており、飽和する種数は25〜30種ほど(データ　藤間聖乃・東田優介・島野光司)

乗鞍は山を目指さなくとも夏のスキー場でニッコウキスゲが咲いたり、乗鞍高原の「一の瀬園地」というところでは草原に小川が流れ、池もあり、アオイトトンボがみられたりしてなかなか楽しい。

変わりゆく上高地の植生

さて、上高地である。乗鞍岳同様、マイカー規制のため、バスかタクシーでの乗り入れになる。多くの方は河童橋手前の上高地バスターミナルを目指すのではないだろうか。しかし、植物を含め自然景観を楽しむなら、大正池バス停から河童橋を目指したい。大正池は1915年の焼岳の噴火によって梓川がせき止められできた池で、上流からの砂礫で埋まるのを防ぐため毎年浚渫《しゅんせつ》され、下端も人工的にせき止められている。名勝だが、人工的に維持されている池だ。ここから上流でみられる、水面からの立ち枯れ木もいずれみられなくなりそうだ。

ヒロハヘビノボラズというメギ科の落葉低木がある。個体数は多くないが、上高地にも生育している。この種はメギ同様枝に長い棘《とげ》があり、観光客などにとって危険ということで刈り取られたこともある。この木自体は絶滅危惧種等ではないが、高山蝶である絶滅危惧Ⅱ類のミヤマシロチョウの食草だ。植生を管理する場合、上位の食物網を考慮しなければならない。液果をつける樹木が鳥類の生息を支えていることはよく知られているが、チョウ類の場合、より範囲の狭い範囲の種群や種が食草となり、代替物がないことになってしまうのだ。今、上高地にミヤマシロチョウはいない。

道を進んでいくと田代湿原、田代池が見えてくる。大正時代は5メートルほどの水深だったというこの田代池も、将来陸化していくことだろう。今では河床（池底）のバイカモに手が届きそうな浅さだ。この植生景観も目に収めておきたい。

田代橋を渡り、梓川の右岸に沿って進んでいくと、ところどころ砂礫地に降りられるところが出てくる。ケショウヤナギをみてみよう。「幹肌が白いのがケショウヤナギ」と思っていると足をすく

梓川の流れをせき止め大正池をつくった焼岳とそれをきっかけに立ち枯れとなった樹木。水に浸かる立ち枯れ木がみたい方は、河童橋より上流の岳沢湿原もおすすめ

ミヤマシロチョウの食草となるヒロハヘビノボラズ。棘のある植物だが、植生管理には対象となる植物が支える上位捕食者や生態系全体を考えたい

植生学メモ｜右岸・左岸は川の上流を背にして下流をみたときの左右で決まる。

われる。白い蠟《ろう》物質を枝にまとうのは、ケショウヤナギだけではない。エゾヤナギもだ。手にとってみられるのなら托葉に注目する。あればエゾヤナギ、なければケショウヤナギ。ただし、季節的に落ちていることもあるので注意だ。

ここでも種数—面積曲線をみてみよう。落葉広葉樹林・林縁、梓川支流河岸、梓川河岸草地とつなげてある。林縁は、ササが遊歩道に迫り、ササと遊歩道の境にさまざまな植物が出現する。ササ以外には圧倒的に一種類が優占することはないので、種数—面積曲線はなかなか飽和しない。遊歩道が水流の緩やかな水辺や、明るい本流の縁に移行するとそれまで出てこなかった種が出現するため、階段状の曲線を描く。タイプとしては、それぞれ森林生の草本、湿った立地の草本、明るい草原に出る草本がみられる。

先ほどみた乗鞍のお花畑は狭い面積でも多くの種が出現することから群落内の多様度の高さを示すα多様性が高いといっていいだろう。このお花畑では、これ以上面積を広げても大幅な種数の増加は望めない。これは、高山植生という性質上、厳しい環境で生育できる種が限られているからだろう。一方上高地は、森林の縁でα多様性が高いのに加え、群落をまたぐときに種数が上がるため、群落間の多様性を示すβ多様性も高いといえよう。データを見ると群落が切りかわるときに飽和した種数が階段状に上がっていくことが読み取れる。

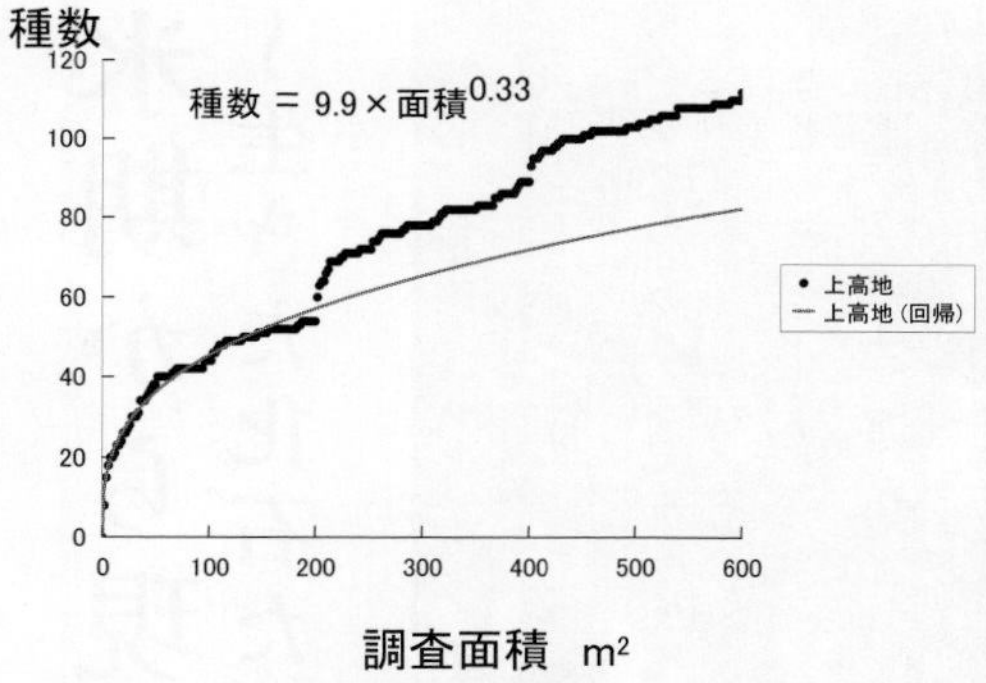

上高地における種数−面積曲線の例。実際には離れている森林の縁、流れの緩やかな河川の岸、梓川本流の河岸の植生をつなげて表示してある。回帰線式は最初の森林の縁のもののみ。立地ごとに異なる植物が生育していることがみて取れる。乗鞍とは横軸・面積のスケールが異なることに注意（データ 島野光司・藤間聖乃・東田優介）

氷期から現在へ

～生きた化石たちが語る日本の植生変遷～

設樂 拓人

カラマツ植林の林縁部に成立する野辺山高原のヤエガワカンバ林

八ヶ岳南麓の森林には、
氷河期、大陸から渡ってきた植物が
この地域の地形に守られて生き残ってきた。
かれらは日本列島の歴史を物語る
生きた化石たちだ。
しかし、その存続は危うい。
生きた化石たちの今後を考えてみよう。

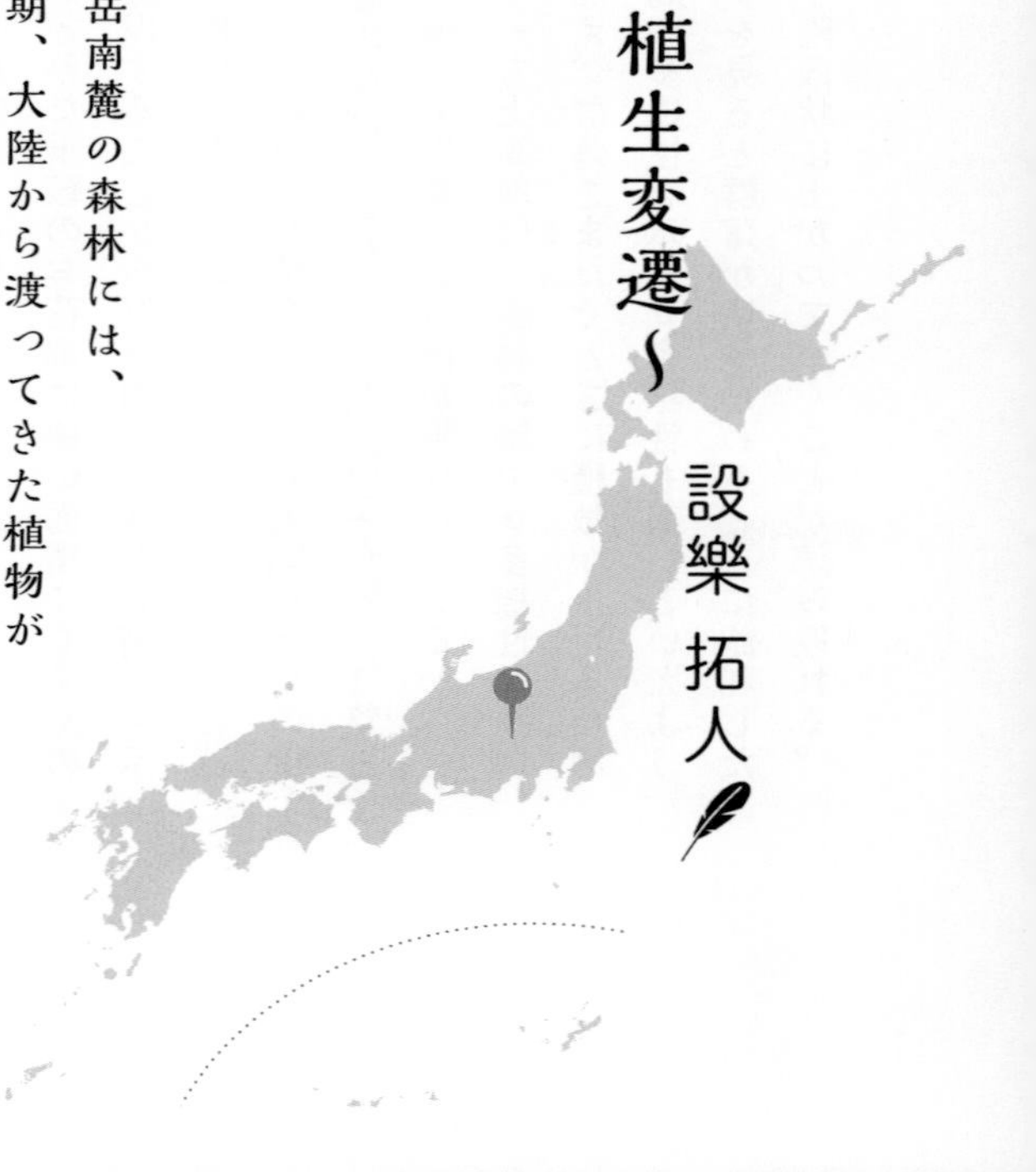

八ヶ岳に生きる特異的な樹木たち

八ヶ岳は本州のほぼ中央に位置し、最高峰の赤岳（標高２８９９ｍ）をはじめとして、蓼科山（標高２５３０ｍ）や編笠山（標高２５２４ｍ）、西岳（２３９８ｍ）など数多くの山々が連なる火山である。標高約２５００ｍ以上に現れる高山帯のお花畑は高山植物の種類が多く有名で、夏になるとこれを目当てに多くの登山客が訪れる。

一方、溶岩が堆積した緩やかな南斜面の標高１０００～２０００メートル付近には、カバノキ科のヤエガワカンバ林やマツ科のチョウセンゴヨウ林など、本州の他の地域にはみられない珍しい森林植生が存在する。さらにこの地域には、マツ科の常緑針葉樹・ヒメバラモミやヤツガタケトウヒ、バラ科のカラフトイバラなど、八ヶ岳周辺固有の希少な樹木が生育している。しかし、個体数が少なく、識別がむずかしいので、これらの樹木を目当てに訪れる人は相当な植物の愛好家か、この樹木たちの希少性や地史的背景をご存知の方々だろう。

興味深いのは、これらの樹木は日本列島では八ヶ岳以外ではほとんどみることができない希少種なのに、共通種や近縁種が海を越えた極東ロシア沿海地方南部、中国東北地方、朝鮮半島中・北部地方といった北東アジアの大陸部に広く分布して

西側からのぞむ南八ヶ岳。山麓にはなだらかな高原が広がる

カラフトイバラも氷期の遺存種と考えられている植物のひとつ。樺太やシベリア、北海道に分布し、本州では群馬県や長野県の八ヶ岳などに隔離分布している。草原や林縁に生育し、夏に桃色の美しい花を咲かせる

極東ロシア沿海州のチョウセンゴヨウ林

極東ロシアの湿地の林縁部に広がるヤエガワカンバ林

いるということだ。私が八ヶ岳の植生研究を始めたのは、２０１１年の卒業論文のときからだ。日本各地の植生をめぐってきた私には、大陸との共通種が多くみられるこの地域の森林植生はとても魅力的に感じられた。なぜこの地域には特異的な森林植生や樹木がみられるのだろう。

生きた化石たちの分布変遷

これらの樹木は、まだ日本列島が大陸と陸続きだった時代に日本に渡ってきたと考えられている。そして、約2万2000年前の最終氷期最寒冷期には、日本列島の広い地域に分布していたと考えられている。その証拠に、日本各地の当時の地層から、チョウセンゴヨウ、ヒメバラモミ、ヤツガタケトウヒの球果（まつぼっくり）の化石が見つかっている①。さらに、生物の分布情報と気候データから生物種の分布変化を予測する分布予測モデルの研究からも、ヤエガワカンバやチョウセンゴ

植生学メモ　ここで紹介している樹木のように、生物が離れたところに分布している状態を「隔離分布」とよぶ。

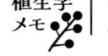

ヨウが最終氷期最寒冷期の日本列島に広く分布していたと予測されている②③。

最終氷期最寒冷期の日本列島の年平均気温は、現在より7~8℃低かった。また、海面は現在よりも約150メートル低下し、九州と対馬は陸続きだった。そのため、対馬暖流が日本海へ流入しにくく、日本列島の日本海側地域や中部山岳地域の降雪量は現在よりも少なかったと考えられている④。このような寒冷・乾燥な気候は、現在の北東アジア大陸部の気候に似ている。つまり、最終氷期最寒冷期の日本列島は大陸的な気候で、ヤエガワカンバやチョウセンゴヨウなどの樹木が生育するのに有利だった。当時は、ヤエガワカンバ林やチョウセンゴヨウ、ヒメバラモミ、ヤツガタケトウヒからなる常緑針葉樹林が、日本各地でみられたのだろう。しかし、最終氷期末期（約1万5000~1万年前）から起こり始めた温暖化と降水量の増加によって、これらの樹木は日本

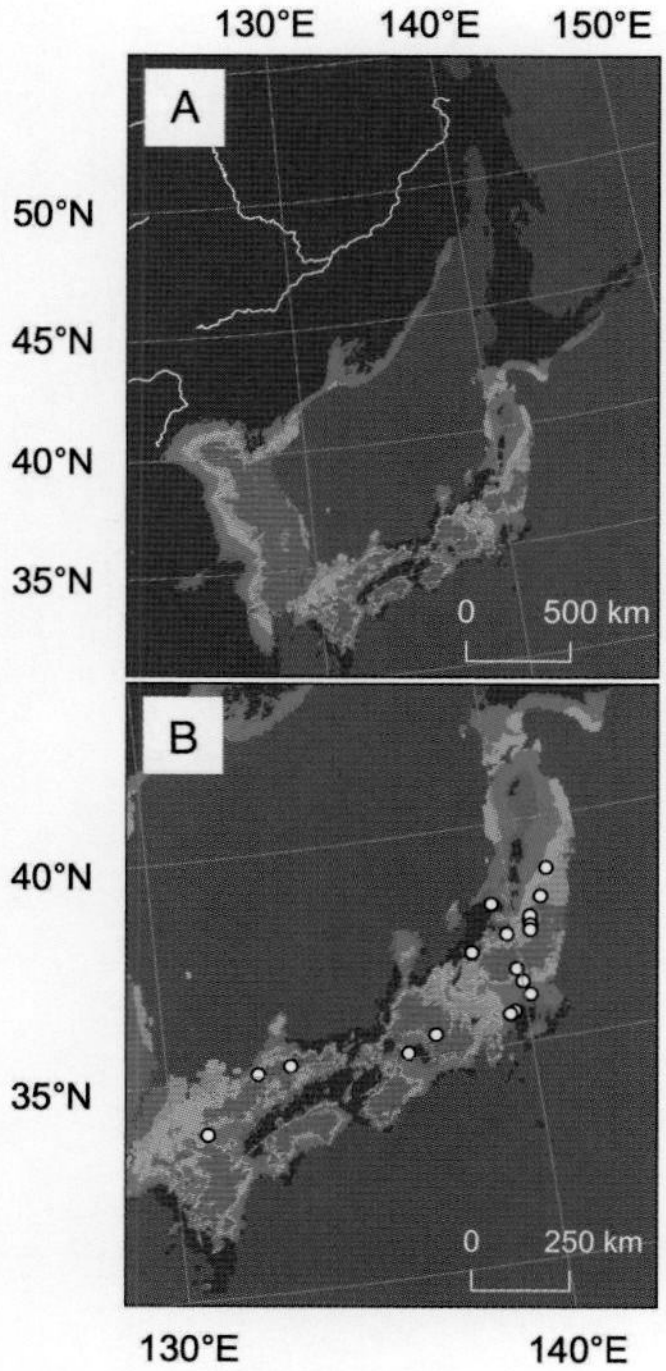

約2万2000年前の最終氷期最寒冷期にチョウセンゴヨウが生育可能だった地域を推定した。Aは北東アジア全域、Bは本州から九州付近の拡大図。色が青色から赤色になるほど、分布していた可能性が高い。白い点はチョウセンゴヨウの化石が産出した地点。当時、日本列島の広い範囲にチョウセンゴヨウが分布していたことがわかる（③を改編）

茨城県土浦市花室川の最終氷期最寒冷期で発掘されたチョウセンゴヨウの種子化石（⑧を改編）

植生学メモ

「過去の植生」の推定は、主に花粉化石や植物体の化石の産出地点や量をもとに行われてきたが、近年ではDNA解析や統計的なシミュレーション解析の発達などにより、推定の精度が上がっている。

列島の各地域で絶滅し③、八ケ岳周辺だけに生き残ったと考えられる。かれらは氷期の遺存種、すなわち「生きた化石」ともいえる存在なのだ。

八ケ岳周辺は海から離れていて、四方を高標高の山々に囲まれているので、海の湿った風などが入り込まない。そのため、比較的降水量が少なく、気温の変化が大きい内陸性気候である。特に冬の気温は著しく低い。八ケ岳高原の麓にある原村の1月の平均最低気温はマイナス8℃ほど、野辺山高原は約マイナス12℃に達する。年間降水量は原村、野辺山高原ともに1300ミリ前後で、東京の1500ミリと比べても少ない。このような寒冷・乾燥気候によって、氷期の遺存種が生き残ることができたと考えられている。

生きた化石たちを守ろう！

氷期の遺存種のなかには、ヤエガワカンバやチョウセンゴヨウのように、森林を形成しているものもある。しかし、かれらの未来は決して明るいとはいえない。氷期の遺存種の大規模な分布変遷が、最終氷期最寒冷期から現在にかけての温暖・湿潤化のなかで起こったのなら、かれらは今後起こるかもしれない地球温暖化に対して非常に弱いのではないかと予想される。気候変動に関する政府間パネル（ＩＰＣＣ）の最新報告書による

西岳のチョウセンゴヨウ林。このようなチョウセンゴヨウが優占する森林は日本ではたいへん珍しい

と、今後20年間で世界の平均気温は少なくとも1・5℃上昇に到達し、暖候期の長期化、寒冷期の短期化、降水パターンの変化などが予想されている⑤。これらの気候変化は寒冷・乾燥な気候に適応した氷期の遺存種の生育に深刻な影響を与える危険性がある。

さらに、遷移やシカの食害により、次世代の後継樹が育たないという問題もある。例えばヤエガワカンバは、火入れや伐採などの攪乱後の明るい環境で稚樹が成長し世代交代することが知られている⑥⑦。しかし、近年は森林管理の放棄などによってミズナラが成長して林内が暗くなり、ヤエガワカンバが枯死したり、ミヤコザサの繁茂によって林床に光が届かず稚樹が育たなくなったりする可能性が心配されている⑦。また、近年ニホンジカの増加により、八ヶ岳周辺の林床植物や後継樹はもちろん、樹皮をはいで食べる被害が増加しており、今後後継樹に悪影響を与えるおそれがある。後継樹を育成するためには、林冠樹種の間伐、シカ食害から保護する積極的な管理が必要だ。

ヒメバラモミやヤツガタケトウヒは、すでに森林をつくるほどの個体数は残っておらず、絶滅の縁にある。さらに、老木化が進み衰退が著しく、後継樹の成長もよくない。現在は苗を植栽し、保護するなどの現地外保全も試みられている。氷期の遺存種は日本列島の植生変遷の歴史を物語る貴重な生物遺産であり、現在の日本や北東アジアの植生や生物多様性のなりたちを考えるうえでかけがえのない存在でもある。かれらの存在を守るためには、個体や種の保全だけでなく、自生地の環境や周辺の植生を保全していかなければならない。

（上）長野県川上村樋沢のヒメバラモミ（2022年5月撮影）。JR小海線のすぐ脇に生え、県指定天然記念物に指定されているが、老木のためか左側の個体の一部が切られてしまった
（下）ヤツガタケトウヒの球果（まつぼっくり）

高山のお花畑 植物たちの逃避地

後立山のお花畑

鑓温泉（やりおんせん）から鑓ヶ岳へ登る。森林限界を抜けると視界が開ける

石田 祐子

雪解けを迎えると、短い夏を謳歌するように
咲き乱れる高山植物。
同じ斜面のなかでも、細かな地形や積雪の状況、
地質などの違いに応じて、
お花畑をつくる植物たちが
異なるのに気づくだろうか。
そこに咲く花々は、
北半球のさまざまな地域にルーツを持つ。
何十万年、何百万年という時間をかけて、
北極周辺やユーラシア、北米などを行き来し、
そして日本にもやってきて
この地に生き残ったものたちだ。

後立山連峰北部のお花畑

白馬岳周辺は、白馬連山高山植物帯として国の天然記念物に指定されています。植生学の観点からみると、白馬岳が位置する後立山《うしろたてやま》連峰北部は、日本のなかでも最も植生が豊かな地域の一つです。私は、この地域の多様な植生（すなわち、高山のお花畑）がどのようにしてできたかに興味を持ち、調査を重ねてきました。

日本の高山帯の特徴

山を登っていくと、森林限界を迎え徐々に森の木々がまばらになり、樹高も低くなり、やがて樹木の生育できない高木限界を迎え高山帯となります。通常、高山帯とは、この高木限界より上方のことを指します。しかし、日本の場合は、樹林が急に途切れて、樹高の低いハイマツ群落となり、高山帯となります。それは、強い偏西風の影響と、冬季の大陸からの強い季節風と積雪の影響で、稜線付近では樹木の生育が困難となるため、森林限界と高木限界が押し下げられて、その上にできた空間に高山帯が成立しているためです。

高山帯の環境

高山帯では、稜線を境に、一方は植物がまばらな草原や礫地が、もう一方には植物が密な草原が広がっているようすが観察できます。これは、冬の季節風の風上側（風衝側）の斜面か風下側（風背側）斜面かで環境が大きく異なることによります。冬の高山帯では、風衝側に降った雪は風背側に吹き飛ばされて降り積もります。その結果、風衝側では春先すぐに雪が解けてしまう一方で、風背側では夏になっても雪渓が残っています。

風衝地では、低温に加えて強い風にさらされるため、植物は凍害や乾燥害に備えなければなりません。さらに、春先など日中は暖かくなっても夜

植生学メモ　高山では、夏の短期間に一斉に花が咲きます。そのようすから、高山植物が群生する場所はお花畑とよばれます。

間に氷点下になる時期は、地中の水分は凍っては解けるを繰り返します。水は凍ると体積が増えますが、その力は強く、岩石を砕いたり土壌を緩ませるほどです(凍結破砕作用)。そのため地表面は不安定になり、植物には根を深く張るなど、地表面の動きへの対策が必要になります。一方で、積雪が少ないため、気温が上がるとすぐに植物は成長を始めることができます。

逆に風背側斜面では、植物は積雪によって凍害や乾燥害から守られます。また、十分に気温が上がってから地表面が露出するので、凍結破砕作用

南アルプス北岳山荘付近の稜線
右側の斜面が風衝側、左側の斜面が風背側

風衝側斜面(右手)と風背側斜面(左手)の雪田。北アルプス後立山連峰船越の頭から小蓮華山にかけて(2009年7月撮影)

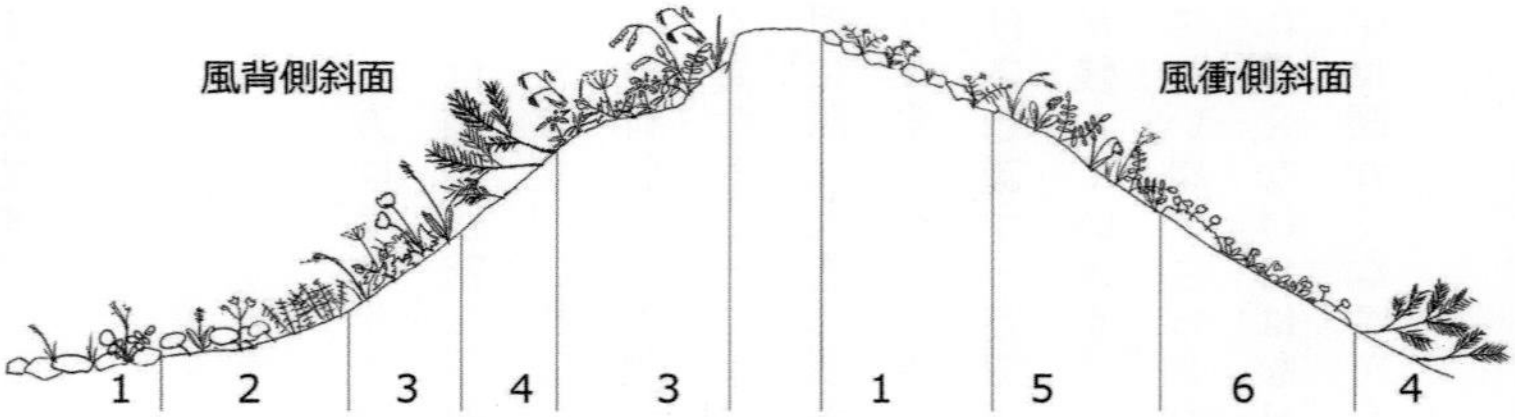

白馬岳周辺の植生断面模式図
1:高山荒原、2:雪田植生、3:広葉草原、4:ハイマツ群落、
5:風衝草原、6:風衝矮生低木群落

植生学メモ　風が吹くと蒸散が起こります。しかし、そのために植物が体内の水分を失っても、冬は土壌中の水分が凍っているため、水を吸い上げられず、乾燥害が起きることがあります。

は起きません。しかし、降り積もった雪の圧力や、雪崩には耐えなければなりません。また、雪渓が遅くまで残る、いわゆる雪田では、成長できる期間の短縮も大きな問題となります。

多様な高山および亜高山草原植生

このように、厳しい環境の高山帯では斜面方位の違いにより環境が大きく異なり、さらに微地形や、表層基質（岩場か、礫地か、ある程度土壌があるかなど地表面の状態）も関係して、目まぐるしく植生が変化します。

例えば、風衝地ではトウヤクリンドウやオヤマノエンドウなどからなる風衝草原や、イワウメやウラシマツツジなどの矮性《わいせい》低木からなる風衝矮性低木群落が成立します。雪田にはアオノツガザクラやハクサンコザクラからなる雪田植生がみられ、その周辺にはシナノキンバイ、ハクサンフウロなどの色とりどりの花が咲く広葉草原が広がります。広葉草原は亜高山帯の雪崩斜面によく出現しますが、高山植生と接していることもしばしばです。また、地表面の多く露出した礫地《れきち》（岩の破片などが地表を覆っている場所）にも植物が生育しており、このような高山の礫地に成立する植生を高山荒原《こうげん》といいます。

低標高域では、尾根・谷といった地形に応じてある程度大きなスケールで植生が変化しますが、高山の場合は、積雪量やちょっとした凹凸の違い、斜面傾斜や表層基質の状態に応じて、数メートルから数十センチのスケールで植生が変化します。

また、地質が異なると、植物が根を張る地面の物理性と化学性が異なってきます。後立山連峰北部

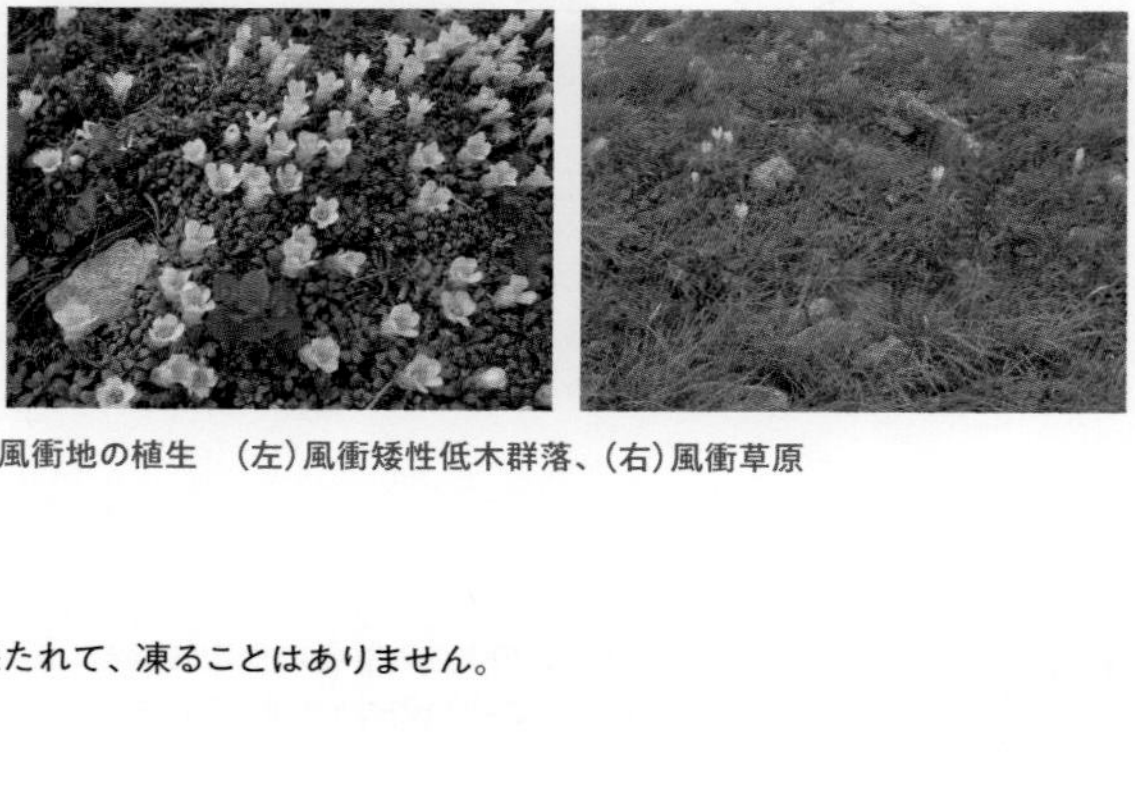

風衝地の植生　（左）風衝矮性低木群落、（右）風衝草原

植生学メモ｜雪の下はほぼ0℃が保たれて、凍ることはありません。

雪田植生

は、特に地質が複雑な地域で、実際に地質ごとに異なる植物群落が観察できます。例えば、珪長岩《けいちょうがん》地や花崗閃緑岩《かこうせんりょくがん》地の礫地にはコマクサなどの群落が、蛇紋岩《じゃもんがん》地の礫地にはクモマミミナグサなどの群落が成立しています①。また、広葉草原では、一般にはシナノキンバイやハクサンフウロなどの出現する群落が広く分布していますが、蛇紋岩地にはユキクラトウウチソウやカライトソウなどが生育する群落が成立しています②。

広葉草原　（左）クロトウヒレン-ミヤマシシウド群集、（右）カライトソウ-オオヒゲガリヤス群集

高山荒原　（左）コマクサ-タカネスミレ群集、（右）クモマミミナグサ-コバノツメクサ群集

植生学メモ

物理性の違いとは水はけのよさや斜面の安定性など、化学性の違いとは栄養分や植物の生育を阻害する重金属の量などの違いのことです。

多様な植生を構成している植物たちのルーツ

高山植物は、日本が現在よりもっと寒かった氷期に、複数回にわたって日本に来たと考えられています[③]。気温が上がる間氷期には、高山植物の生育適地は北方や標高の高い地域へと追いやられます。北アルプスをはじめとする日本の中部山岳では、間氷期でも過酷な環境が樹林や背丈の高い植生の発達を拒んだこと、蛇紋岩地や石灰岩地のような特殊岩地はほかの地質に比べ生育可能な植物が限られたことなど、いろいろな要因が重なることで、高山植物の逃避地になったと考えられています。

現在は隣り合って成立している多様な高山および亜高山草原植生ですが、その構成種のルーツは異なると考えられています。例えば、風衝地の植生の構成種の多くは周北極要素や東北アジア要素です[④]。雪田や広葉草原の構成種の近縁種は、太平洋の多雪地帯（日本からベーリング海周辺を経て北米大陸に至る地域）を取り巻くように分布する太平洋要素が多いことが知られています[④②]。氷期を通じてさまざまな地域からやってきた高山植物は、日本の高山帯を逃避地としてこの地に残り、植物群落を形成しています。そして、それらの植物群落が地形や地質などの違いによってモザイク状にみられるところが、この地域の魅力の一つといえるでしょう。

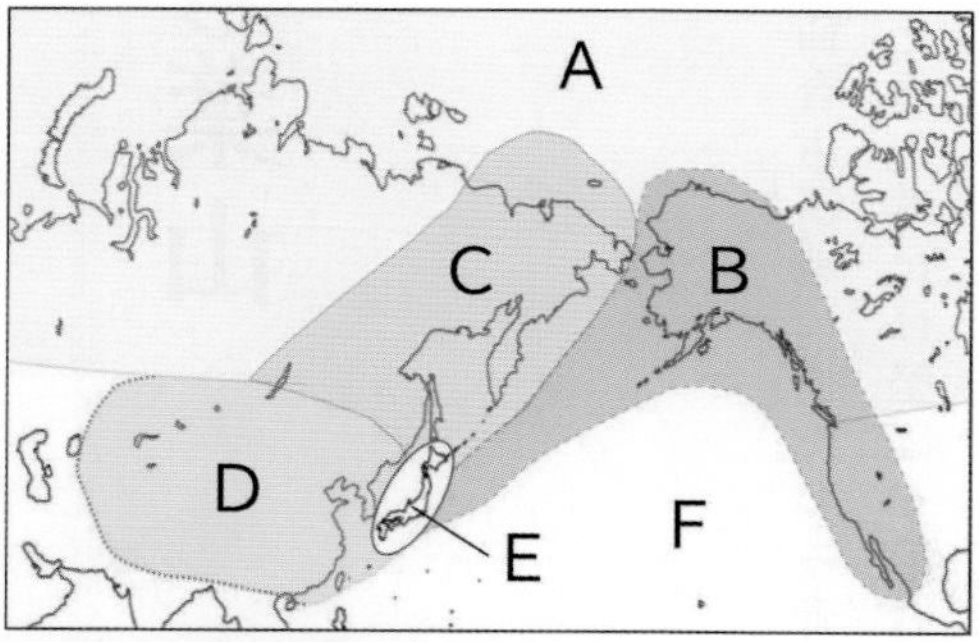

図　高山植物の要素区分（⑤をもとに作成）

植物は亜種や変種などその類縁関係を含めると分布に地域性がみられ、周北極要素(北極周辺地域に分布する)、太平洋要素(太平洋を取り巻くように分布する)などに整理されている(要素区分は⑥を用いた)

A：周北極要素　B：太平洋要素　C：東北アジア要素
D：東アジア要素　E：低山要素・日本列島固有要素
F：汎世界要素

仙台城の御裏林・青葉山

永松 大

巨大なモミが林立し、林内に多様な樹木を育む青葉山

仙台市街地に横たわる青葉山丘陵。
その先端には堅固な仙台城本丸。
続く二の丸背後に広がる「御裏林」は
築城以来守られてきた豊かな森、
天然記念物「青葉山」。
静かに時を刻むモミ・イヌブナ林は、
「杜の都」の礎として、
暖温帯と冷温帯を分かつ
「中間温帯」を代表する森として、
輝きを放ち続ける。

杜の都・仙台の礎

仙台は「杜《もり》の都」とよばれます。緑豊かな市街地をイメージするこのよび名は明治のころに登場し、城下町の武家屋敷に植えられた豊かな屋敷林に由来するとされています。近代化や戦災を経て市街の屋敷林は失われましたが、現在は大通りに植えられたケヤキ並木が杜の都の代名詞となっています。

杜の都・仙台の緑の豊かさにはもう一つ要因があります。城下町仙台は、北・西・南側が低い丘陵で囲まれ、南東側に開けた地形です。西から延びる青葉山丘陵の東端に仙台城本丸、その崖下を流れる広瀬川対岸の台地に城下町が配置されています。周囲の丘陵地斜面はさまざまに利用され、城下の住民は里山の緑を感じていたでしょう。都市の発展とともに市街地が広がってこれら丘陵地の緑は多くが失われてしまいましたが、築城以来の濃い緑が残されているのが、城下に隣接する青葉山丘陵です。

本丸背後に続く丘陵は「御裏林《おうらばやし》」とよばれて城の防御の役割を受け持ち、築城以来、森林として維持されてきました。特に本丸に続く二の丸背後の森は大切に守られ、この地域の自然林

仙台の市街地からみた青葉山

青葉山に残る切り通し

東北大学植物園として管理されている青葉山

モミの樹冠下で生育する常緑広葉樹

の特徴をよく残しています。現在では、この部分の40ヘクタールほどが国の天然記念物「青葉山」に指定され、地域のシンボルとして守られています。中心市街地からよくみえる青葉山の森は、仙台の街が開かれて以来、現代に至るまで杜の都の礎として大きな役割を果たしています。

天然記念物青葉山の指定地全域は東北大学学術資源研究公開センター植物園（以下、東北大学植物園）の園域に含まれます。東北大学植物園は自然度の高い森そのものを植物園としており、1958年の設立以来、その園域を自然状態に保つよう管理されてきました①。

青葉山の主要部は、常緑針葉樹のモミが高木層を占めイヌブナや常緑のカシのなかまを混交する自然林です②。モミは南は屋久島から北は岩手県中南部まで分布しますが、青葉山はモミが優占する北限の森です。カシ類が混交する北限にもあたります③。青葉山の森は、こうした植生学上重要な多くの特徴を備えています。

暖温帯と冷温帯の間にできた森

シラカシ、タブノキ、スダジイなど、常緑広葉樹の森をつくる樹木には、本州東北南部が分布北限のものが目立ちます③。仙台市付近の丘陵地はまさにこの場所にあたり、青葉山には分布北限域のアカガシ、ウラジロガシ、シロダモが並んでみられる珍しい場所もあります。ただし、青葉山ではこれら常緑広葉樹はモミの下で細々と生活していて森の主要構成樹種になるには至らず、常緑広葉樹林（照葉樹林）で特徴づけられる暖温帯の植生とは異なっています。一方で青葉山では、冷涼な気候下に優占するブナやミズナラもごく少数が見つかるのみです。ブナ林に代表される冷温帯の植生でもありません。

暖温帯と冷温帯の境界付近では、モミやツガ、スギなどの温帯性針葉樹や、イヌブナ、コナラなどが優勢になることが知られています④。ツガは西日本に多く、関東地方北部が北限ですが、モミが最も優勢でイヌブナが多数混交する青葉山の森は、暖温帯と冷温帯の間隙《かんげき》（すきま）に成立する「中間温帯」の代表的な林です。間隙と聞くとなんだか中途半端な存在に思われるかもしれませんが、絶妙なバランスの上に成立し、限られた地域にしかみられない貴重な存在であり、青葉山の森はその代表例です。

青葉山は草本植物の種類も豊富です。モミにはカヤラン、マツランなどの着生植物がつき、林床にみられるヒメノヤガラ、ムヨウランなど腐生のラン科植物もまた分布の北限にあたります。植物園内では維管束植物688種、コケ植物156種が確認されています⑤。

モミ・イヌブナ林のこれまでとこれから

青葉山は決して人の影響を受けていない原生林ではありません。1601年の仙台城築城以来、主要な樹木の伐採は禁止され森は維持されて

植生学メモ｜【腐生ラン】　葉緑体を持たず、菌類と共生して生活するラン科植物。

表　東北大学植物園内の樹木構成変化

植物園内47ヘクタールにおける2000年の上位20種幹数と1964年の幹数。東北大学植物園で1964年と2000年に胸高直径10センチ以上の全樹木を対象に行われた調査に基づく。

	種名	2000 年	1964 年	増減（倍）
1	コナラ	4910	354	13.9
2	アカマツ	3169	2882	1.1
3	モミ	2583	2399	1.1
4	スギ（植栽）	2152	1045	2.1
5	アカシデ	1820	463	3.9
6	カスミザクラ	1649	198	8.3
7	ウリハダカエデ	952	93	10.2
8	イヌブナ	528	128	4.1
9	アオハダ	483	56	8.6
10	コシアブラ	433	45	9.6
11	ホオノキ	386	54	7.1
12	アカガシ	381	64	6.0
13	イイギリ	316	108	2.9
14	コハウチワカエデ	302	29	10.4
15	ミズキ	299	77	3.9
16	ウワミズザクラ	292	27	10.8
17	タカノツメ	253	67	3.8
18	イタヤカエデ	204	18	11.3
19	イヌシデ	196	54	3.6
20	シロダモ	191	12	15.9
	その他樹種	1906	1341	1.4
	幹数総計	23405	9514	2.5
	出現種数	89	62	

青葉山林内の残月亭（茶室）跡

アカマツの下に成長したコナラ

きたものの、最上《もがみ》古街道が通り、残月亭と名付けられた茶室が建てられるなど、限定的・選択的な利用は続いてきました。特に第二次大戦中から戦後の混乱期には、生活のため柴刈りや薪利用が行われ、周辺部を中心に疎林化が起こったようです。一部の沢にはこの時期に青葉山丘陵の亜炭層を掘った坑道跡も残っています。

植生学メモ｜【亜炭層】　炭化があまり進んでいない石炭からなる地層。

植物園全体（47ヘクタール）を対象に行われた樹木調査の結果は、この歴史を裏書きしています。園内では１９６４年から２０００年の間に直径10センチ以上の樹木本数が２・５倍に増え、その構成種数は62種から89種に増えました。１９６４年当時、飛び抜けて本数が多かったのはアカマツとモミで、これらの本数は２０００年にかけてほぼ横ばいでした。一方でこの間に大きく増えたのは落葉広葉樹、なかでも二次林を代表するコナラやウリハダカエデ、ウワミズザクラでした。場所によって森の状況は同じではありませんが、全体として青葉山の森は、20世紀半ばにはモミやアカマツの大径木の下に明るい林内が広がっていたこと、その後21世紀にかけて落葉広葉樹が回復してきたことが推察されます。同様の傾向は青葉山丘陵の別の森林でも報告されています⑥。

青葉山のモミ・イヌブナの森は中間温帯の特徴を維持しつつも、変化を続けています。現在はマツ材線虫病やナラ枯れ、イノシシの増加等が懸念されており①、高齢化したモミの幹折れも増えています。歩きやすく整備された東北大学植物園⑦を訪れ、青葉山の四季にふれながら、杜の都の礎たる森の変化に注目していきたいものです。

2000年以降に目立つモミの幹折れ、そばには稚樹が育つ

都井岬

続かないはずの放牧が300年以上続いた草地の謎

都井岬のシバ型草原における日本在来の岬馬放牧（2020年8月2日）

西脇 亜也

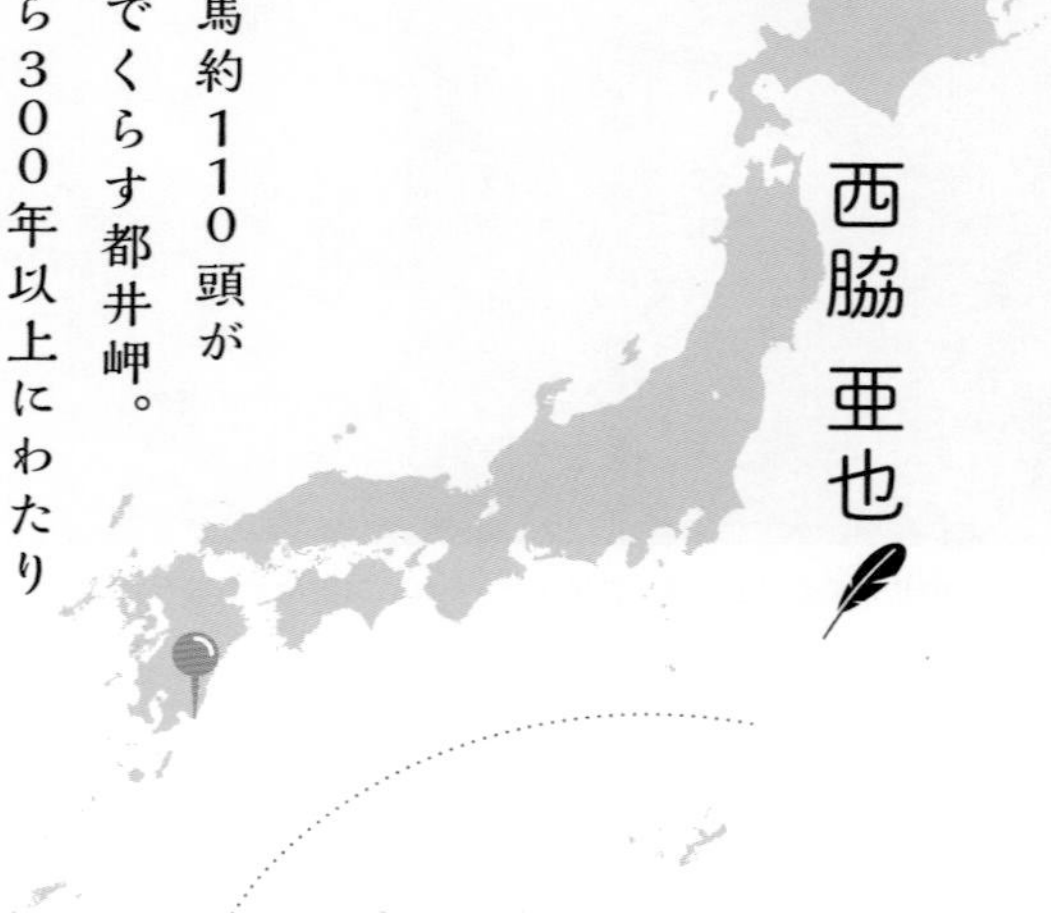

国の天然記念物・岬馬約110頭が
一年中ほぼ野生状態でくらす都井岬。
ここでは元禄時代から300年以上にわたり
馬の放牧が行われてきた不思議なシバ型草原。
人がつくった草地はふつう、
そう長くはもたないはずなのに。
数百年もの長い間、
安定して放牧が維持されてきた
理由を探ってみた。

都井岬の芝地

月に一度、宮崎大学から車で約2時間、日南海岸沿いを南下して宮崎県最南端の都井岬の芝地（シバ型草原）の調査に出かけています。ここにある御崎牧場では、1697年に高鍋藩秋月家の軍馬が育成されてから現在まで、300年以上の長い間、日本在来馬の放牧が行われてきました。この馬は岬馬《みさきうま》とよばれ、昭和28年には「岬馬及びその繁殖地」として生息地とともに国の天然記念物に指定されました。生息地は、シバ型草原と照葉樹林、スギの植林地からなります。ここは「シバが優占するシバ型草原の南限地」で、それが天然記念物に指定された理由の一つになっています。

現在は約110頭の岬馬が一年中、ほとんど野生状態でくらしています。地元の牧組合の方々が毎日岬馬を観察されていて、ほとんどの馬には戸籍（馬籍）の記録があり、系図を40年以上前までたどることができます（最近ではDNA解析による父性系統も推定されています）。これは世界的にみてもたいへん貴重で、日本の誇るべき財産の一つでしょう。

私のお目あては岬馬そのものではなくて、岬馬に食べられたり蹄で踏まれたりする芝地の草です。一見するとどこにでもありそうな芝地ですが、数十年あるいは数百年もの長い間、種子や肥料が播かれなくても安定した芝地が維持されてきたことは、私にとっては不思議です。人がつくった芝地は長い年月安定的に維持できないことが多く、何年かに一度は再びつくり直すのがふつうです。なのに、都井岬の芝地はそうではなさそうです。

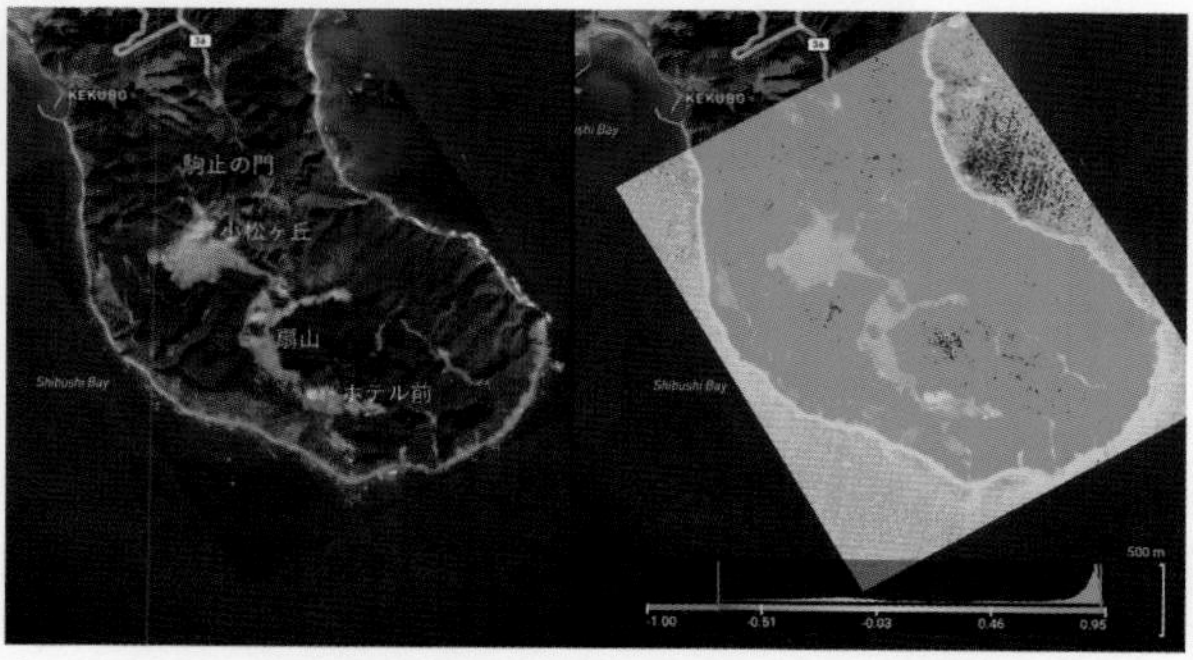

都井岬の2019.1.7 撮影Sentinel2衛星画像（左:オルソ、右:NDVI）

草の生産量を測る

馬の採食を防ぐケージを使った移動ケージ法によって、草の月あたりの被食量と再生量を測定してみました。被食量も再生量も、月間でとても大きく変動したのですが、場所間や年次間での変動は小さく、とても安定していることが明らかになりました①。また、冬になって草の再生量が減少すると、馬たちは芝地の周辺に広がっている森林の林床の常緑樹などを食べていることが観察されました。約50ヘクタールの芝地と約５００ヘクタールの森林で、馬の食料が安定的に維持されていることが、１００頭以上の岬馬の放牧が持続可能となっている理由の一つだと思います。

蹄の下の闘い

芝地を観察していて、気になることがほかにも出てきました。それは、本来、都井岬の芝地には

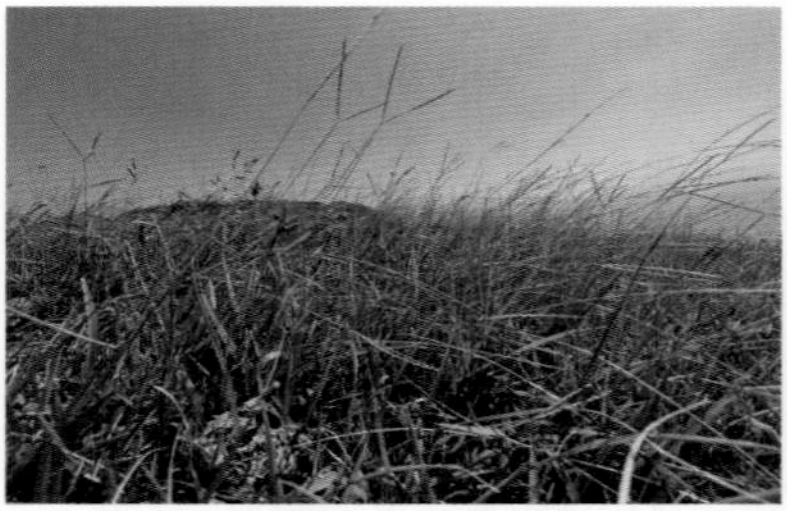

小松ヶ丘におけるカーペットグラスの侵入

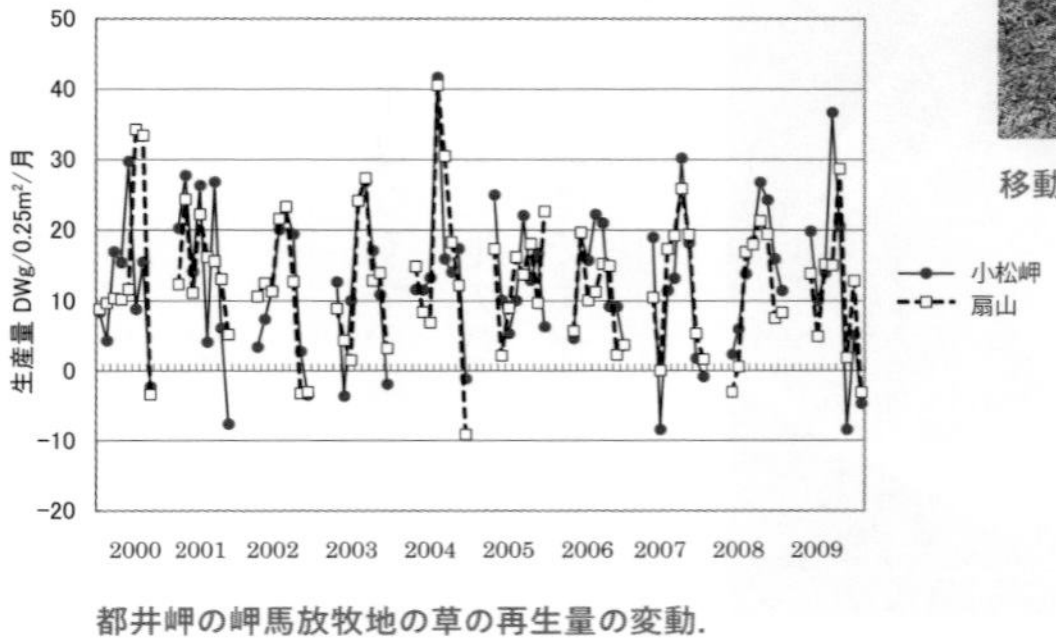

都井岬の岬馬放牧地の草の再生量の変動.
西脇（2009）日草誌55(別):2に加筆修正.

移動ケージ法による草の被食量、再生量の測定

日本在来の芝草であるシバが多かったのですが、最近外国産の芝草が多い場所が増えてきたことです。この外国産の芝草は暖地型牧草とよばれる種類のもので、比較的高い気温だと元気が良い性質を持っています。地球温暖化の進行とともに勢力を増しているのかもしれません。都井岬のシバは、シバの分布南限域にあることなどから貴重であると考えられていますが、地球温暖化によって気候が暖かくなるにつれて、シバは次第に駆逐されていくかもしれません。この蹄の下の闘いの決着はどうなるのでしょうか？

調べてみると、外来牧草に侵略される芝地（小松ケ丘）と、侵略されない芝地（扇山）があることがわかってきました[2][3]。扇山では、草の種多様性が高く、オキナグサなどの絶滅危惧種も多く確認できました。

このような違いが生じる理由を知ることは、「外来牧草が侵略的外来種になる条件は何か？」を知って外来牧草を適切に管理するうえで重要であ

扇山における岬馬放牧とオキナグサ（2022年4月6日）

ると私は思いました。そこで、数年間、禁牧処理等の野外実験を行った結果、禁牧区では種多様性が増加して外来牧草が消失したことが明らかとなり、高い放牧圧が外来牧草の侵略を導くと考えました。

そこで、さまざまな模擬放牧処理を加えたポット栽培による競争実験を実施しました。芝地に生えている植物を鉢に移植し、それに放牧を模した処理（馬がいて草を食べている状況を再現するため、草をむしったり踏みつけたりなどしました）を加えて在来植物と外来植物のようすを観察することにしたのです。馬がたくさんいて草をたくさん食べる状況を模した処理、そうでない処理、処理を行う時期、馬による踏みつけの程度など、いろいろな条件を設定しました。その結果は予想外で、外来牧草は在来植物との競争に常に負ける結果となりました。この方法では、答えを得ることができなかったのです。

競争に弱い外来牧草が放牧草地を侵略できるのはなぜでしょうか？ この謎を解くためには、従来の方法だけでは困難なようです。そこで今は、馬の採食だけでなく、馬糞の影響もコントロールする方法を開発して、調査を続けているところです（冒頭の写真）。

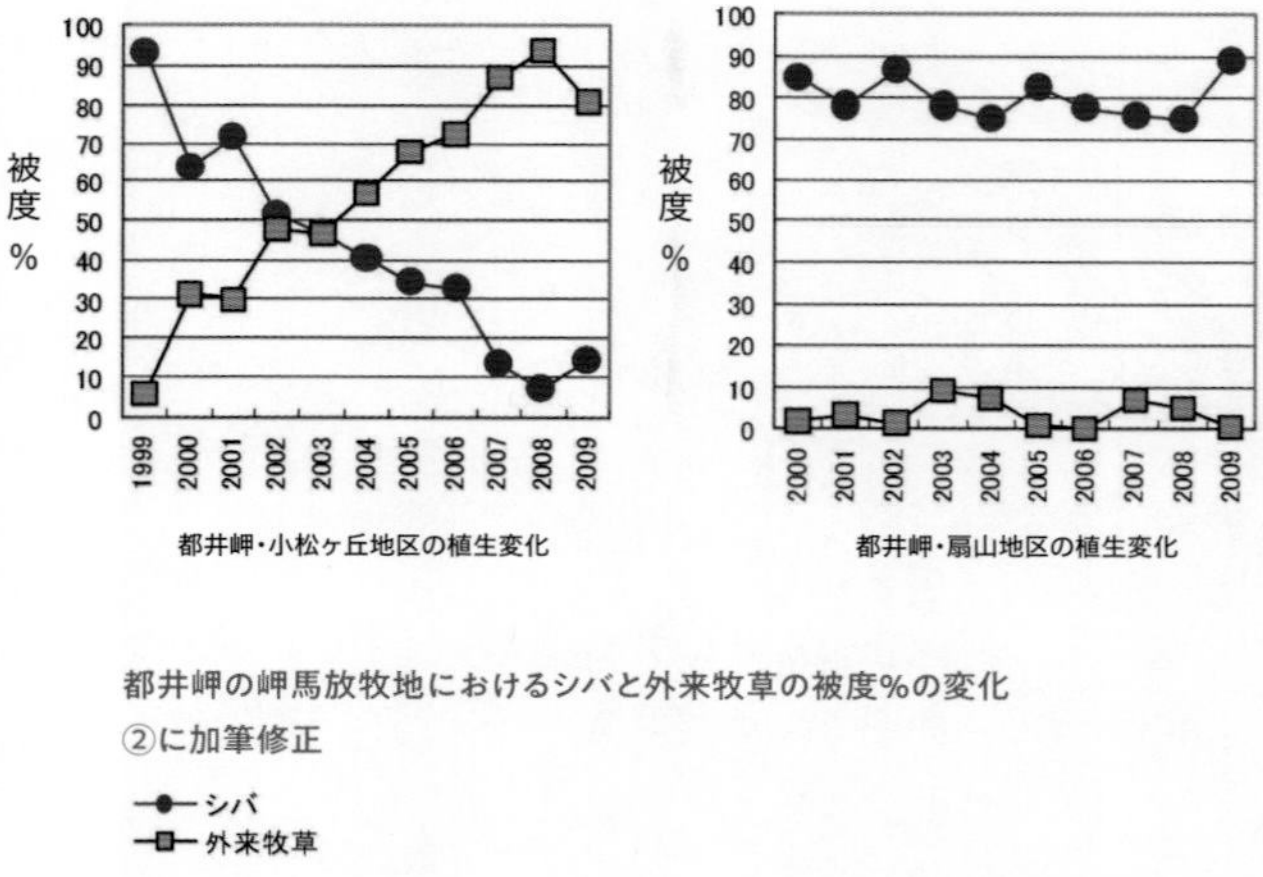

都井岬の岬馬放牧地におけるシバと外来牧草の被度%の変化
②に加筆修正

都井岬の芝地の未来

芝地を観察していて、外来牧草などの外来植物が多い場所では、岬馬の馬糞が集中していることに気がつきました。そこで、馬糞を実験室に持ち帰り、土をつめた鉢の上に置いて水をやり続けたところ、芝地に生育する多くの植物が発芽してきました。これらの植物は、草食動物に食べられて種子の散布を行っていると考えられます④⑤。そのなかには、キンゴジカやカーペットグラス、バヒアグラスなどの外来植物も多く含まれていました。馬糞は、都井岬における外来植物の増加に大きく関係していることは間違いないと思います。

芝草は岬馬の重要な飼料なので、芝草の種類や量の変化は岬馬の頭数にも大きく影響するでしょう。岬馬が将来も元気に生息できる環境を考えるうえでも、岬馬と草との関係を見守って行きたいと思っています。

岬馬放牧の馬糞から発芽した植物(2017年12月7日)

伊豆大島（伊豆諸島）

日本に砂漠？自然の変化を見守る楽しみ

川田清和・上條隆志

伊豆大島の裏砂漠。火山噴火の歴史と強風がつくり出した景観は、島の観光資源の一つ

伊豆大島には日本で唯一
地図に明記された砂漠がある。
「裏砂漠」である。
しかしここは乾燥した砂漠ではない。
裏砂漠の植生と
世界の乾燥地・半乾燥地の植生とは、
どのようなちがいがあるのだろう。
そのちがいは何に由来するのだろう。

日本唯一の砂漠

地理的に熱帯や極域を含まない日本には、熱帯雨林やツンドラはない。では、砂漠はどうか？国土地理院の日本地図で探すと1か所ある。それが伊豆大島の「裏砂漠」である。しかし、結論からいうと、植生学的、生態学的には裏砂漠は砂漠ではない。成立機構があまりに違うからである。

伊豆大島は、三宅島や桜島と同じ、暖温帯に位置する火山である。温暖湿潤な気候条件にあり、本来は森林が成立する。砂漠は伊豆大島の山頂付近にあるが、気温的にはまだ暖温帯である。この砂漠の成立要因は、2つである。1つは伊豆大島の火山活動であり、もう1つが〝風〟である。砂漠をつくる砂は、全て火山噴火によりもたらされたもので、噴火による破壊は植生の発達を抑制してきた。裏砂漠は、西から強風が吹き抜ける位置にあり、堆積した砂が移動し続ける。この強風と砂の移動が植生の発達を妨げ、砂漠が維持されている①。

一方、サハラ砂漠に代表される世界の砂漠では、基本的に〝乾燥〟が環境のキーワードになる。景観は確かに砂が漠々《ひろびろ》と続く砂漠どうしであるが、その成立機構は大きく異なる。植生学者の立場からすると、大島の砂漠はあくまで地名として〝砂漠〟だ。この項では、ほかとは少し趣を変えて、世界にはあるが日本にはみられない砂漠をはじめとする世界の乾燥地・半乾燥地の植生を紹介したい。

砂漠の植生

砂漠が成立する乾燥地は、植物が生育するには厳しい環境で、生育する植物の多くは一年生植物である。一年生植物とは、種子から発芽、成長、開花、結実という生活環が1年以内で完結する植物をいう。ただし、散布された種子はすぐには発芽せず、生育に適した状態になるまで何年も休眠でき、土のなかに貯め込まれた種子の集団「シードバンク」を形成する。

種子は、降雨によって成長に必要な水分があると判断されたときに発芽する。降水量が十分ではない状態で発芽してしまうと、せっかく発芽した個体が全滅するおそれがあるので、1回の雨で全ての種子が発芽しないように、種皮に含まれる発芽抑制物質が雨で溶けきるまでは発芽しないようなしくみを持つなど、同じ個体内で発芽要件の異なる種子を生産する植物もある②。

また乾燥地の一年生植物は、発芽から結実までの期間が短いという特徴を持つ。雨の水分を利用できる一瞬のチャンスを活かし、短期間で子孫を残すためである。乾燥地は雨などの降水に出合うチャンスが極めて少ないうえ、降ってもすぐ蒸発してしまう。そこで植物は、短い期間で子孫を残そうとする。発芽から結実までの期間が長ければ、開花できても結実する前に水分不足で枯れてしまい、子孫を残すことができないだろう。

このような乾燥環境に植物が適応した結果、乾燥地では雨が降ったあとに突然花畑が出現することがある。例えば、チリのアタカマ砂漠ではヌマハコベ科の*Cistanthe longiscapa*が、アメリカのデスバレーではキク科の*Geraea canescens*が降雨のあとに一斉開花する。このような、砂漠で眠っていた種子が雨によって目覚めて一斉開花する現象は「スーパーブルーム」とよばれ、わずか数日で砂漠が花畑へと姿を変える。

砂漠辺縁部の植生

砂漠に生育するのはほとんどが一年生植物だが、砂漠の辺縁部では樹木のような太い幹を持つ低木や地面から多くのシュートを伸ばす灌木《かんぼく》をみることができる。ユーラシア大陸や北アフリカの砂漠辺縁部ではギョリュウ科ギョリュウ属（*Tamarix*）の低木やヒユ科のハロクネムム属（*Halocnemum*）の灌木が生育する③。これらの植物は根を深くまで伸ばすことができるため、樹木が生育しないとされている乾燥地であっても、水分の多い地中深

植生学メモ | 【シュート】 生物学では、1本の茎とそれにつく葉をまとめて「シュート」とよぶ。

くに根を届かせることで生育が可能になる。また、塩分濃度の高い環境に生育できる特性も持っている。乾燥地では、土壌中の水分が蒸発する際にカルシウムやナトリウムなどの化合物（無機塩類）が一緒に移動するため、地表面の塩類濃度が高くなっている。高い塩分濃度（塩ストレス）に強くないと生育が難しいのだ。日本でも、海岸部で、アッケシソウやシチメンソウなど、こうした高い塩分濃度（塩ストレス）に強い植物をみることができる。

また灌木のなかには、ヒユ科のアナバシス属（*Anabasis*）やハマビシ科ハマビシ属（*Zygophyllum*）のような肉厚なシュートを持ち、体内に水分を保つ植物もいる。乾燥地に生育するサボテンやトウダイグサのなかまは、体内に水分を保つだけでなく、葉の形態を針状にして表面積を小さくし、蒸散による水分の損失を防ぐような形態をしている。乾燥地の植物には、水分を無駄にしないように植物が進化した姿がみられる。

チュニジアに分布する*Halocnemum strobilaceum*。地表面に塩が析出しているような高濃度の塩類集積地であっても生育できる

チュニジアに分布する*Tamarix aphylla*。サハラ砂漠辺縁部では街路樹として植えられている

チュニジアに分布する*Zygophyllum album*のシュート。肉厚に膨らんでいるようすがわかる。

モンゴルのゴビ砂漠辺縁部に分布する *Anabasis brevifolia*

伊豆大島の砂漠を見守る

大島の砂漠の厳しい環境に生育できる植物の代表は、ハチジョウススキ、ハチジョウイタドリ、シマタヌキランの3種である④。特に、シマタヌキランは砂を捕獲して、砂漠のなかに小山をつくっていく。植物があるとその周りに砂がたまり、植物はその上で成長し、そして埋まる。それが繰り返され、小山になっていくのである。そのため、非常に独自性の高い植生景観が形成される。植物が砂の移動を制御する現象は、乾燥地の砂漠でもみられる。シマタヌキランをはじめとする3種とも厳しい環境に生育するが、温暖湿潤な気候が生育条件として必須で、乾燥地の植物とはいえない。

この大島の砂漠の保全には、一つの課題がある。それは、自然の遷移の進行による砂漠の草原化である。大島の強い風のために砂漠上の遷移の進行は遅くなっているが、緑が砂漠の周りから砂漠へと広がってきているのも確かである。観光的価値

大島のハチジョウイタドリ、シマタヌキラン、ハチジョウススキからなる群落（2005年4月）
植生があるところに砂が堆積し、小山状になっている

を保つために、砂漠を維持管理しようという意見も、かつてはあった。しかし、遷移という自然のプロセスを重視する植生学者としては、人為的に砂漠を維持するのではなく、プロセスを見守ることも大切ではないかと思う。特に、伊豆大島の山頂付近は、火山噴火によってできた自然景観が最も高い価値を持つものである。現在、伊豆大島は日本ジオパークに認定され⑤、あるがままの自然の姿に価値があり、自然の変化を見守ることの重要性を認識した活動が行われている。

大島の裏砂漠の植生調査資料の例

各種の量は、植物社会学的方法の優占度階級(+~5)で示している。全体の植被率は50%であり、ほかは火山起源の砂に覆われていることになる。出現種が限られているが、キリシマノガリヤス、ハチジョウイタドリ、シマタヌキランの3種は、伊豆諸島火山荒原に特徴的に出現する種である

調査日	2012 年 10 月 27 日
標高	650m
方位	N60W
傾斜	6°
草本層の高さ	0.2m
草本層の植被率	50%
3	キリシマノガリヤス
1	ハチジョウイタドリ
+	シマタヌキラン
+	カジイチゴ
+	センブリ
+	シチトウスミレ
+	ヒサカキ

シマタヌキラン(2012年10月、撮影:市川)
砂が株周りに堆積している

変わりゆく湿原植物の宝庫

吉川 正人

尾瀬ヶ原の高層湿原。池溏に浮かぶ浮島にはイボミズゴケが優占する群落が発達している

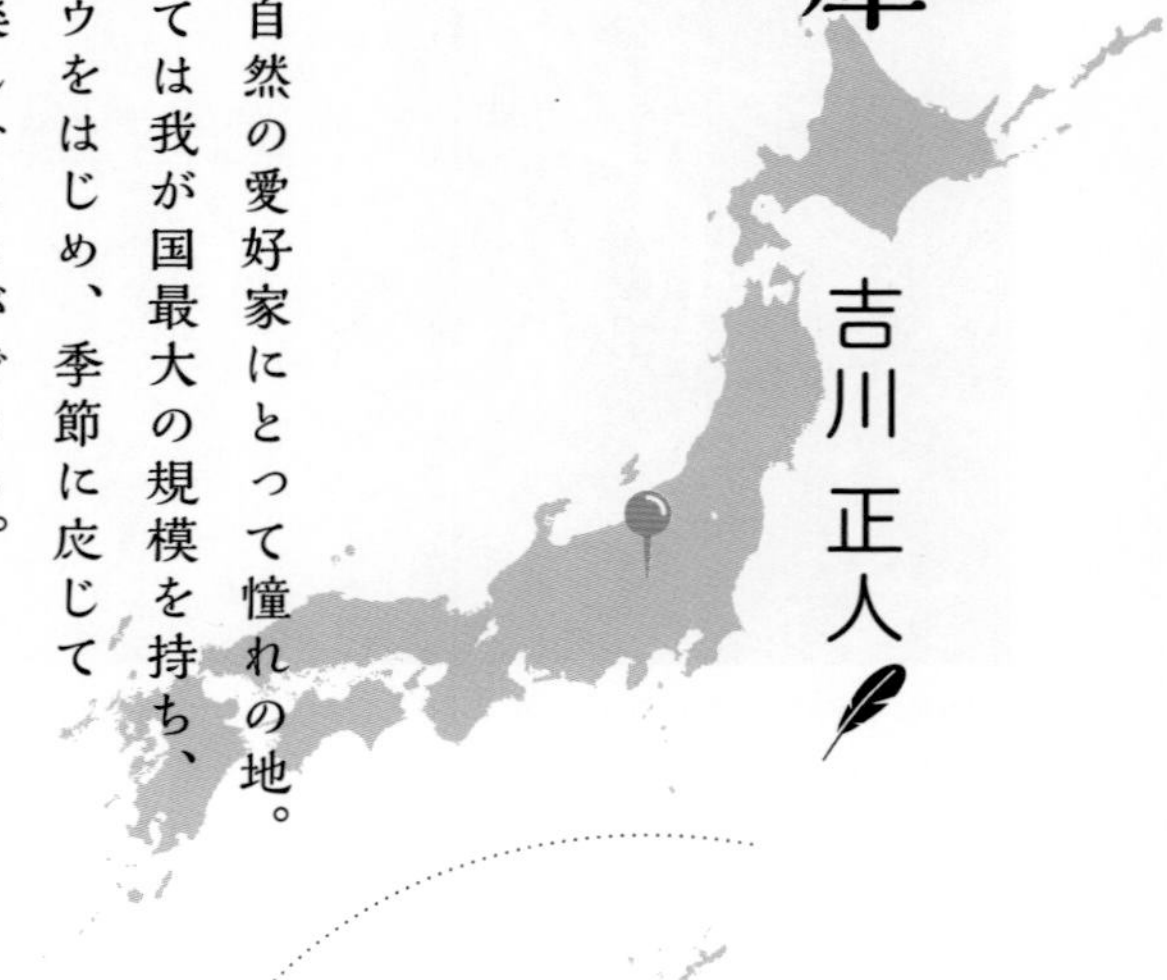

尾瀬ヶ原は山と自然の愛好家にとって憧れの地。
山地の湿原としては我が国最大の規模を持ち、
春のミズバショウをはじめ、季節に応じて
さまざまな花を楽しむことができる。
その理由は、尾瀬ヶ原の植生が均一ではなく、
水環境の違いがつくり出す
さまざまなタイプの植物群落から
なりたっているためだ。
しかし近年、この湿原植物の宝庫は、
シカの増加の影響を受けて姿を変えつつある。

20年ぶりの総合調査

尾瀬ヶ原は周囲を山に取り囲まれた盆地状の地形に成立した湿原である。地形からみると、いかにも湖が長い年月の間に埋まってできたようにみえる。しかし、湿原内で行われたボーリング調査からは、尾瀬ヶ原が過去に湖であった証拠は見つかっておらず、山麓の緩やかな斜面に数千年をかけて泥炭が積み重なってできた湿原だと考えられている①。

燧ケ岳山頂からみた尾瀬ヶ原。湿原内に多数の池溏が散在し、河川沿いにはハルニレ等からなる河畔林が分布している。写真奥の山は至仏山

この地域は、国立公園の特別保護地区として厳格に保護され、木道の整備や排水処理方法の改善が重ねられて、観光利用による植生への悪影響は軽減されてきた。しかし一方で、集中豪雨など極端な気象現象の増加、シカによる踏みつけや採食の増大など、尾瀬ヶ原をとりまく環境の変化は、新たな保全上の問題も生み出している。そのため、尾瀬ヶ原の現状を明らかにして保護対策に生かすことを目的に、2017年から2019年にかけて、20年ぶりの総合調査（第4次尾瀬総合学術調査）が行われることになった。私はその調査員の一人として、尾瀬の湿原植生を間近にみる機会に恵まれた。

湿原植生の見本市

尾瀬ヶ原では日本の山地湿原の植生タイプのほとんどをみることができる②とされ、まさに湿原植生の見本市のようなところだ。尾瀬ヶ原の美しい景観は、これらの多様な湿原植物群落が複雑に組み合わさることによって形成されている。湿原植生は、主に水環境との関係によって、低層湿原、中間湿原、高層湿原とよばれる3つのタイプに大別できる。

湿原を流れる河川水や周囲の山からの沢水など、表流水の影響を強く受ける場所では、ヨシやオオカサスゲなどの抽水植物が優占する低層湿原の群落がみられる。背の高いヨシの群落には、オゼヌマアザミ、カラマツソウなど、ヨシと競い合うように草丈が高くなる草本が混生している。小川の縁には、雪解けとともにミズバショウやリュウキンカが咲く流水辺の植物群落ができる。ミズバショウの花が終わって大きな葉を広げると、サワギキョウやドクゼリといった高茎草本が伸びてきて夏に花を咲かせる。

浅い地下水がしみ出す場所では、ヌマガヤやホロムイスゲなど、大きな株をつくる草本が優占した中間湿原の群落が広がる。低木のヤチヤナギが混じることも多い。初夏にはニッコウキスゲが咲き、ヌマガヤの葉陰にはトキソウ、カキランといった可憐なランの花を見つけることができる。より地下水位が高い場所では、コバギボウシ、ミ

ヨシが優占する低層湿原の群落。赤紫色の花はタムラソウ、赤茶色の穂はアブラガヤ

ヌマガヤが優占する中間湿原の群落。黄色の花はミズギク

植生学メモ｜【抽水植物】水底の土に根を張り、水面より上まで伸びて葉を広げる水生植物。

ズギクなどが多くなり、季節に応じて目を楽しませてくれる。

湿原植生として最も発達したものは、ミズゴケがマット状に広がる高層湿原の群落である。高層湿原では、ミズゴケがつくるブルテとよばれる微高地と、その間のシュレンケとよばれる小凹地ができる。ブルテ上にはツルコケモモやヒメシャクナゲといった小型の木本、ワタスゲ、モウセンゴケなどが生育する。一方、浅い水たまりとなるシュレンケには、ミカヅキグサやホロムイソウが多く、ブルテ上のモウセンゴケに対して、より大型のナガバノモウセンゴケがみられる。ブルテ上では相対的に地下水位が低くなるので、植物はミズゴケが保持する貧栄養な雨水に頼って生育している。

さらに湿原内に散在する数百もの池塘が景観にアクセントを与えている。これらの池塘は、ヒツジグサやオゼコウホネといった水生植物の重要な生育場所となっている。

ヤチヤナギが混生する中間湿原の群落。ピンク色の花はトキソウ

イボミズゴケが優占する高層湿原の微高地（ブルテ）。赤くみえるのは食虫植物のモウセンゴケ、白っぽくみえるのはヒメシャクナゲ

湿原中の浅い水たまりに生育するナガバノモウセンゴケ。本州では尾瀬ヶ原だけに分布する

池溏の水面を覆う浮葉植物のヒツジグサ

シカの影響を追跡する

尾瀬総合学術調査で私たちのグループに与えられた役割は、これらの湿原植生に対するシカの影響を把握することだった。尾瀬ヶ原では、かつてはシカが目撃されることはまれだったが、全国的なシカの分布拡大とともに、1990年代から湿原内でのシカの食痕や掘り返しの跡が目につくようになってきた③。湿原の植物のなかで、シカが特に好んで食べているのはミツガシワである。葉だけでなく地下茎も掘り返して食べるため、ミツガシワが生える水辺では、あちこちで植生が破壊されて泥炭がむき出しになっている。

ミツガシワのほかにも、やわらかい葉を持つ高茎草本には採食痕跡が多くみられた。特に大きな花が咲く植物のつぼみを好んで食べるようで、ニッコウキスゲ、オゼヌマアザミ、サワギキョウなどの花茎が採食されていた。シカの採食によりニッコウキスゲの開花量が激減してしまったため、尾瀬ヶ原の一部の区域ではシカの侵入を防ぐ柵を設置して、ニッコウキスゲが咲き乱れる景観の保護が図られている。

尾瀬ヶ原の西側の入口である山ノ鼻の北側に、背中アブリ田代とよばれる湿原がある。遊歩道が通っていないため一般の人の目にふれることは少ない場所である。私が調査に入った2018年夏には、カキツバタの濃紺とサギスゲの純白のコントラストが見事な、別天地のような光景が広がっていた。しかし、よく観察すると、付近にはシカの踏み跡が幾筋も通っており、ミツガシワの掘り起

シカがミツガシワの地下茎を食べるために掘り起こした跡。地面を耕したように植生が大きく破壊されている

ニッコウキスゲはシカの侵入を防ぐ柵の中だけで咲いていた（中田代）

カキツバタとサギスゲが咲く背中アブリ田代の湿原群落。しかし近づいて観察するとシカの踏み跡や掘り返しの跡が多数みられる

こしの跡もたくさんみられた。1960年代に作成された植生図を確認すると、このあたりにはヌマガヤやイボミズゴケからなる群落が広がっていたはずだった。初めてこの場所を訪れた者にとってはこれが本来の姿のように思えるが、実際にはシカの活動で地表が大きく攪乱を受け、そこへ土砂の流入が起こるなどして、もともとあった湿原植生が退行した姿なのだろう。

シカの餌植物の選り好みは、湿原植生の構成種を少しずつ変化させている。私たちが2017〜2019年に行った植生調査資料を、約50年前の調査資料②と比べてみると、シカの採食対象となりやすい中・大型の草本種が減少しており、サギスゲやミヤマイヌノハナヒゲといった細くて硬い葉を持つ草本の出現頻度が増加していた（左図）④⑤。踏みつけや掘り返しによる直接的な破壊だけでなく、シカの選択的な採食による長期的な変化も生じている可能性が示されたのである。尾瀬ヶ原の重要な植生を未来に残すためには、人の利用に対する対策だけでなく、こうした野生動物の影響とどう折り合いをつけるかも重要な課題になってきている。

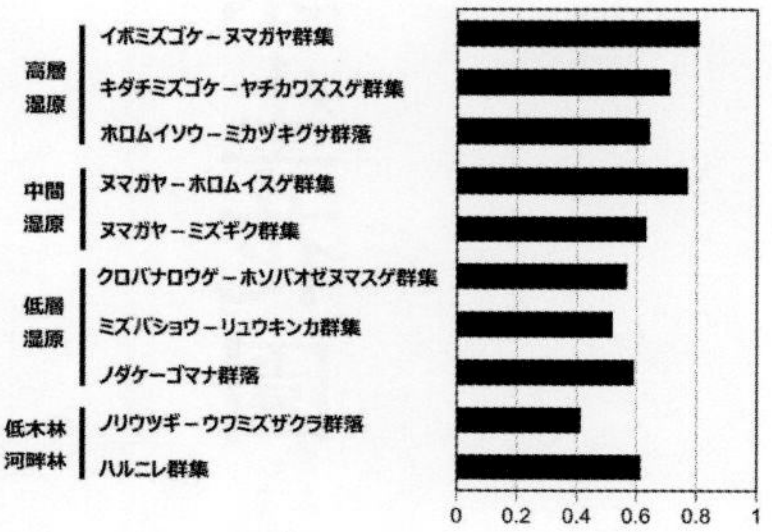

代表的な湿原植物群落の1960年代と2010年代の構成種のちがい

類似度指数という指標を用いて、1960年代と2010年代で植生の構成種がどれくらい異なっているかを調べた。シカが好む高茎草本が多い低層湿原は、高層湿原よりも過去との類似度が低く、シカの影響が大きいことがわかる

植生学メモ

【類似度指数】　上の図では、次のような計算式を用いて算出した。

（1960年代と2010年代の共通種数）×2÷（1960年代の出現種数+2010年代の出現種数）

出現種が全く同じ=両年代で植生に変化がないときは1になり、変化が大きいほど0に近づく。

野焼きで守る元祖原生花園

小清水原生花園

津田 智

小清水原生花園は海岸砂丘とその後背湿地によって構成されていて、そのうち砂丘上の景観はエゾスカシユリ、ハマナス、エゾキスゲなどの色彩豊かな花々からなっています

原生花園ということばからは、
人の手が入らない
天然の花園が連想されるだろう。
が、実際の「原生花園」には、
人が手を加えることで維持されている
「半自然草原」とよばれる二次的な生態系も多い。
一番最初に「原生花園」とよばれた
網走国定公園の小清水海岸での取り組みから、
荒廃や外来種の侵入に抗して
花咲く草原が保たれるしくみを
知ることができる。

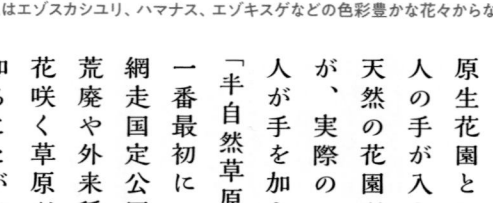

原生花園

人が手入れをしているわけではないのに、花々が咲き乱れる景観を「原生花園」とよぶことがあります。このことばが初めて使われたのが、私が調査している北海道斜里郡の小清水海岸です。ある旅行雑誌がこの海岸を紹介したときに使ったのが最初だと聞いています。

天覧ヶ丘からの眺望。エゾスカシユリの先には斜里岳が望めます

今ではいろいろな場所が原生花園とよばれるようになり、北海道だけでも、小清水原生花園のほか、サロベツ原生花園、ベニヤ原生花園、ワッカ原生花園、北方原生花園、原生花園あやめヶ原、豊北原生花園などが、北海道外でも世界谷地原生花園（福島県）や斑尾高原原生花園（新潟県）などが知られています。原生花園は花いっぱいの湿原を指していることが多いのですが、元祖原生花園の小清水海岸は湿原よりも砂丘の景観がメインでした。

歴史をたどると　牧草地から花園へ

小清水原生花園は、オホーツク海と濤沸《とうふつ》湖に挟まれた長さ約7キロ、幅300～700メートルの細長い砂州上にあります。オホーツク海側は主に2列の砂丘、その後背地は湿地が濤沸湖まで続いています。濤沸湖はオホーツク海の入り江が砂州によって数千年をかけて塞がれてできた海跡《かいせき》湖です。

人の影響がほとんどなかった時代には、ここには文字通り原生的な砂丘と湿地の植生が広がっていたことでしょう。オホーツク文化やアイヌ文化の時代も人の干渉は小さかったと考えられますが、明治時代に入って日本人の入植が始まると、ただの原っぱが広がっているだけの土地ですから、道路や鉄道の敷設をはじめ、牛馬の放牧地として利用されるようになりました。砂丘側では定置網の引き上げのための馬が放牧されていたこともありますし、肉牛の放牧が行われていたことがありました。時期ははっきりしませんが、こうした放牧利用によって、外来の牧草類の種子が持ち込まれたと考えられています。

野焼きが事業化される直前の原生花園景観。花の最盛期でもカラフルな花々はみられません

小清水原生花園は、1951年に北海道の名勝、1958年に網走国定公園に指定され、そのころから牛馬の放牧は減りました。しかし、依然として蒸気機関車が野火を発生させていて、牧草の繁茂を抑え込んでいたようです。1975年以降は牛馬による被食もなく、野火を起こす蒸気機関車も廃止され、牧草類の繁茂が次第に顕著になっていきました。放牧は外来牧草の侵入をもたらしましたが、一方で野火も合わせて牧草の繁茂を抑制する効果もあったようです。

放牧や野火の効果が失われた1980年代には「原生花園なのに花なんか全然ない」と観光客にいわれるほどになっていました。何とか花咲く原生花園を取り戻そうと、北海道大学の教授だった辻井達一先生のグループが1990年から3年間にわたり小面積の実験火入れを実施して、その後の植生の変化などを調査しました。私も、そのメンバーの一人でした。

その結果を北海道網走支庁（現オホーツク総合振興局）や小清水町役場に報告し、1992年からは野焼きが事業化されました。事業化された後も、野焼きの影響について明らかにするため、私

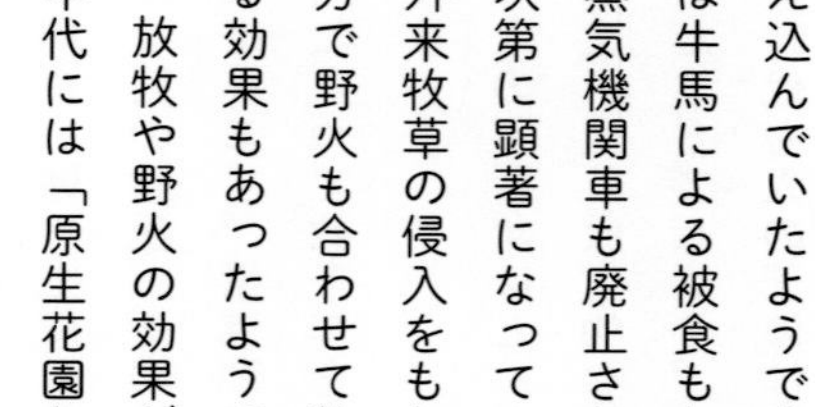
毎年ゴールデンウィーク明けに実施される野焼き。通勤通学の妨げにならないように一番列車よりも前に火入れを実施します（撮影　増井太樹）

野焼き前後の1平方メートルあたりの植物個体密度

調査方法
春に野焼きをした場所、していない場所、野焼き後2シーズン目の場所に1メートル四方の調査区をつくり、区内の全植物の個体数を調べた。このとき、地下茎や根から再生した個体（栄養繁殖個体）と種子から新たに生まれた個体（種子繁殖個体）を区別して数えた。

	対照（野焼き実施せず）	野焼き当年	野焼き後2年目
調査方形区数	20	21	10
栄養繁殖個体数	**1527.5**	**1282.9**	**1482.4**
外来牧草類	1217.1	808.0	1059.2
在来種	310.4	474.9	423.2
種子発芽個体数	**3.0**	**25.0**	**32.4**
外来牧草	0.0	0.1	0.7
その他の外来種	0.0	1.3	1.7
在来種	3.0	23.6	30.0
全個体	**1530.5**	**1307.9**	**1514.8**

調査結果
野焼きしていない場所：種子繁殖個体はわずかで、ほとんどが栄養繁殖個体。ナガハグサ、オオウシノケグサ、オオアワガエリなどの外来牧草類がほとんどを占めた。
野焼きした場所：栄養繁殖で再生した外来牧草類は3分の2ほどに減少。一方、在来植物は1.5倍に増加。種子繁殖個体は8倍に増加。

この結果から、野焼きには外来牧草を減らし、在来種を増加させる効果があるといえる。

はずっと原生花園で調査研究を続けてきました。現在は野焼きによって牧草類のコントロールに成功し、結果として往時の花々が咲き誇る原生花園を取り戻しています。その後2001年に北海道遺産、2022年には未来に残したい草原の里100選にも選定されています。

小清水原生花園の植物と植生

小清水原生花園を代表する花は、エゾスカシユリ、エゾキスゲ、ハマナス、ヒオウギアヤメ、ノハナショウブなどですが、それ以外の植物も数多くみられ、外来種も含めれば現時点で250種類ほどの植物が確認されています。調査が進めばもう少し多くなるでしょう。

これらのなかには絶滅危

ハマナスの花期は長く、7~9月ころ

原生花園を走る釧網本線の気動車とエゾキスゲ

惧種も含まれていて、環境省と北海道のレッドリストに共通に掲載されているものだけでも、エゾヒメアマナ、アッケシソウ、エゾハコベ、フタマタイチゲ、ムシャリンドウの5種あり、どちらか一方のリストだけに掲載されているものもホソバノシバナ、クロユリ、ノダイオウ、ムラサキベンケイソウなど15種が確認されています。一方、外来種も非常に多く、ケンタッキーブルーグラス（ナガハグサ）、チモシー（オオアワガエリ）、レッドフェスク（オオウシノケグサ）などの外来牧草のほか、シロバナシナガワハギ、アラゲハンゴンソウ、アメリカオニアザミなど、50種ほどが確認されています。

小清水原生花園に生育する植物は、生育環境に応じてはっきりとすみわけているものがほとんどです。濤沸湖側の湿地には全体にヨシが多く、ヨシ群落の様相ですが、一部にはヤラメスゲなどスゲ類の優占する群落があり、濤沸湖岸の近くには、小面積ですがアッケシソウ、シバナ、ウミミドリなど塩生湿地の植物もみられます。ノハナショウブ、ヒオウギアヤメ、ナガボノシロワレモコウ、コバギボウシ、サワギキョウなども湿地全体にわたり比較的多くみられます。砂丘側は、外来牧草類を除けば、ハマニンニク、ハマナス、ヤマアワなどの群落が広い面積を占めていますが、部分的にはエゾノコリンゴを中心とする低木林になっていたりします。

原生花園の花暦

派手で目立つのは夏季に咲く花、エゾスカシユリ、エゾキスゲ、ハマナスなどです。このうちエゾキスゲは、全国の植物を調査されている矢原徹一先生によれば、北海道最大規模の群落ではないかとのことです。早春にはキタミフクジュソウやエゾエンゴサク、初夏にはクロユリやスズラン、盛夏にはエゾフウロやエゾカワラナデシコ、晩夏にはエゾノキツネアザミやムラサキベンケイソウがよくみられます。外来種の多くは国道244号線の路傍や、かつて漁業で使われた番屋跡地に広がっています。第1砂丘の前面はオホーツク海に面した砂浜になっていて、ハマニガナ、ハマボウフウ、コウボウムギ、シロヨモギ、オカヒジキなどの植物からなる海浜の植生も観察できます。天覧ケ丘にはJR釧網本線の原生花園駅があり、そこから散策路を通ってオホーツク海まで出ることができます。

今後も野焼きを軸にした適切な植生管理を続けていけば、美しい景観と貴重な生態系、多様な生物を守っていくことができると思います。逆に、管理をやめてしまえば再び牧草類のはびこる異質な生態系に戻ってしまうことでしょう。今後も研究者と行政が連携して小清水原生花園を守っていきたいと思います。

海岸の最前線にはハマニガナやシロヨモギがみられる

湿地側に咲くノハナショウブ

道東湿原めぐり

釧路湿原・霧多布湿原・根室半島

釧路湿原北部を蛇行して流下する雪裡《せつり》川（写真:釧路市立博物館）

加藤ゆき恵・冨士田裕子

北海道東部の寒冷な気候で育まれた、
大小さまざま、個性豊かな湿原たち。
開発に適さず残された「ヤチ」は
北方系の動植物の大切なすみかとなり、
生物多様性の宝庫となっている。
日本最大の面積を誇る釧路湿原、
100年前に天然記念物に指定された
「花の湿原」霧多布《きりたっぷ》湿原、
雨や霧だけで潤される根室半島の湿原群。
湿原は人の暮らしと密接し、
自然の厳しさとともに豊かな恵みを与えてくれる。

道東は湿原の宝庫

北海道は日本の湿原面積の9割近くが集中する場所で、そのなかでも東部の釧路・根室地域には大小さまざまな湿原が分布している。それらは、湿原のタイプ、成立過程、植生が異なり多様である。主要な植生に着目すると、ミズゴケが地表を覆う高層湿原、主にイネ科のヌマガヤが優占する中間湿原、ヨシやスゲが繁茂し湛水することもある低層湿原、ハンノキの湿生林、湿地性アカエゾマツ林、海跡湖《かいせき》や河口付近の塩湿地などを挙げることができる。特に道東地域の高層湿原ブルテ（小凸地）の典型は、チャミズゴケが密集した上に矮性のツツジ科植物などが生育するタイプで、この地域の特徴である①。

道東地域は暖流と寒流の温度差で発生した海霧が流れ込み、夏の気温が低く日照時間が短いため、北海道内でも湿原形成に適した気象条件となっている。加えて、人口密度が低く、寒冷すぎて牧草以外の農作物の栽培に適さないことから湿原の開発が遅れ②③、幸いにも数多くの湿原が現在でも残る、生物多様性上重要な地域となっている。

釧路湿原東側、二本松展望地からみた釧路湿原

植生学メモ

【低層湿原（ヨシ・スゲ湿原）】地表面が地下水位よりも低く、栄養を含んだ地下水や地表水で潤される、富栄養性の湿原。

釧路湿原達古武ハンノキ林のヤチボウズ（カブスゲ）

釧路湿原、東から見るか？　西から見るか？

釧路湿原は日本最大の湿原で、北、東、西の三方を丘陵台地に囲まれている。現在の釧路湿原の範囲は、6000〜4000年前の地球の気温が上がり海面が上昇した時期（縄文海進）には海になっていた。その後、寒冷化に伴い海面が下がっていく過程で泥炭が堆積し、徐々に湿原が形成された④。湿原の東にある3つの湖（シラルトロ湖、塘路湖《とうろこ》、達古武湖《たっこぶこ》）は、海が取り残されてできた海跡湖である。

釧路湿原の約80％はヨシ群落やスゲ群落、ハンノキ湿生林などからなる低層湿原で、温根内《おんねない》や赤沼《あかぬま》周辺など限られた範囲に高層湿原が発達している。周辺の丘陵地にはハンノキの林床にカブスゲなどのスゲ類がつくるヤチボウズの群落があり、道東地域独特の景観がみられる⑤。

湿原全体は西から東へ緩やかに傾いていて、湿

植生学メモ　【中間湿原（ヌマガヤ湿原）】泥炭層が厚くなり、地下水の影響が少なくなった中栄養の湿原。低層湿原から高層湿原の植物種が混在する。

原の東端を釧路川が流れている。そのため、東側の展望台からは眼下に蛇行しながら湿原をゆったりと流れる釧路川のようすが一望できる。一方、釧路川から遠い西側の展望台からはヨシ・スゲ湿原のなかにハンノキが点在するサバンナのような風景が広がる。釧路湿原の展望ポイントはいくつかあるが、私のお気に入りは蛇行河川がみえる東側からの景色で、「ザ・釧路湿原」だと思っている。

モニタリングサイト1000霧多布湿原2017年植生調査結果

[K1:ヌマガヤ−イボミズゴケ群落/K2:チャミズゴケ群落]

湿原内にラインを設置し、1メートル×1メートルの調査区を30か所つくって調査しました。湿原全体は中間湿原(ヌマガヤ湿原)ですが、場所によってヌマガヤ湿原要素とミズゴケ湿原要素が混ざっていて、群落を細かく分けることがむずかしい植生です。

	K1				K2
コドラート数	4	6	5	6	9
種群 A(ヌマガヤ湿原要素)					
ヤチヤナギ	4 1-2	V 1-3	V 1-2	V +-2	V +-2
ワタスゲ	2 1	V +-2	V 1-3	V +-2	V +-1
ナガボノワレモコウ	4 +	IV +	V +-1	IV +	V +-2
ヌマガヤ	4 1-3	V 2-4	V 2-4	V 3-4	V +-1
ムジナスゲ	4 1-3	V 1-2	V +-1	V +-3	III +
ヨシ	4 +-2	V +-2	IV +-1	V +-1	V +-1
コバギボウシ	1 +	IV +	V +-2	IV +-2	II +
種群 B(ミズゴケ湿原要素)					
イボミズゴケ	3 +-3	V +-4	V 2-5	V +-4	IV r-1
カラフトイソツツジ	4 +-1	III +-1	III +-1	V +-1	V 1-3
ツルコケモモ	3 +	III +	V +	V +-1	V +-1
モウセンゴケ	2 +	V +-1	V +	IV +-1	V +-2
種群 C(ヌマガヤ湿原要素)					
イヌスギナ	2 +	III +	III +	I +	
ミヤマアキノキリンソウ	4 +	III +	I 1	II +	I +
ツマトリソウ		III r-+	II +	IV +	
種群 D(ミズゴケ湿原要素)					
チャミズゴケ				V +-2	V 4-5
スギゴケ	1 1	I 1		III +-3	V 2-3
ガンコウラン					V 1-4
ヌマカタウロコゴケ			I +	I +	V +-1
チシマガリヤス	1 +	II +		I +	V +-1
クロミノウグイスカグラ	2 1-2				III +-1
種群 E(ミズゴケ湿原要素)					
ヒメシャクナゲ			IV 1	I 1	II 1
コケモモ			III +-1		II +-1
種群 F(シュレンケ要素)					
ヤチスゲ		V +-1			
ユガミミズゴケ		IV +-1			
ミカヅキグサ	1 +	IV +-1			
ワラミズゴケ	1 +	III +-1			
種群 G(やや乾燥)					
ススキ	3 +-3				I 1
ノリウツギ	2 2			II +-2	II +-1

植生学メモ

【高層湿原(ミズゴケ湿原)】泥炭の集積が進んで地表面が高くなり、降水や海霧など空中からの水のみで潤される貧栄養性の湿原。

琵琶瀬展望台からのぞむ霧多布湿原（提供　NPO法人霧多布湿原ナショナルトラスト）

霧多布湿原
さまざまな湿原植生をひとめぐり

霧多布湿原は浜中町にある湿原で、中心部は「霧多布泥炭形成植物群落」として1922年という早い時期に国の天然記念物に指定された。砂州で海から隔てられてできた湖成湿原で、砂丘列の跡が細長い湖沼として残っている⑥。

湿原中心部の天然記念物エリアでは過去に何度も植生調査が行われ⑦⑧、2017年からは環境省のモニタリングサイト1000の湿原調査サイトに選ばれ継続的に調査が行われている（131ページの表も参照）⑨⑩。2017年と2020年の調査で植生の変化はみられなかった。乾燥気味の立地には種群Gのノリウツギ、ススキが出現し、特にススキの侵入は、かつて行われていた馬の放牧の影響と考えられる。

霧多布湿原では観察用木道が整備されており、場所ごとにそれぞれの植生の違いを比べて楽しむ

植生学メモ

【塩湿地（塩性湿地、塩沼地）】海水や汽水など、塩分を含む水で潤される湿地。アッケシソウなど、塩分濃度が高くても生育可能な植物が生育する。

落石岬湿原のヌマガヤ群落とアカエゾマツ林

霧多布湿原のゼンテイカ（エゾカンゾウ）群落

のもオススメである。湿原中央を縦断する道や海岸沿いの道路から観察できるのはヌマガヤ湿原（中間湿原）で、6月中旬には風に揺れる一面のワタスゲの果実、6月下旬～7月上旬にはゼンテイカ（北海道ではエゾカンゾウとよばれることが多い）の大群落が観光客に人気だ。ゼンテイカは増加するエゾシカの食害に遭い、花の数を減らしていたが、近年は電気牧柵を設置してシカの進入を防ぎ、見事な群落が復活している。

また、琵琶瀬《びわせ》川の河口近くには奥琵琶瀬野鳥観察公園があり、ウミミドリ、アッケシソウ、ホソバノシバナ、ヒメウシオスゲといった塩湿地の植物が観察できる。湿原の内陸側には「ヤチボウズ木道」と名づけられた散策路があり、高さ1メートル近い大型ヤチボウズがみられるほか、一面のヨシやホザキシモツケなど低層湿原植生が観察できる。

植生学メモ
【縄文海進】気候の温暖化により海面が上昇することを海進という。約1万年前に始まった縄文海進は7000～6000年前頃にピークを迎え、海面は現在より2～3メートルほど上昇していた。

上空からみた歯舞湿原（撮影　横地 穣）

春国岱の塩湿地

根室半島の湿原
日本でここだけのブランケット型湿原

根室半島には、落石《おちいし》周辺から納沙布《のさっぷ》岬にかけて、湿原が多数点在している。湿地性アカエゾマツ林が各所でみられ、林床がコケ植物で覆われる独特の景観を形成している。太平洋に突き出した落石岬の台地上に発達した落石岬湿原は、流入河川がなく雨や霧だけで潤されており⑤、サカイツツジの国内唯一の自生地として保全されている。湿原中央部にはヌマガヤ群落があり、アカエゾマツ湿生林で取り囲まれている。

根室半島の台地上にいくつかある湿原のうち広い面積を持つ歯舞《はぼまい》湿原は、落石岬湿原と同様に流入河川のない湿原で、1万3000〜1万2000年前に泥炭の堆積が始まった⑪。泥炭層が傾斜した段丘だけではなく段丘崖も覆っていることから、国内で例がないブランケット型湿原であることが明らかになった⑫。

風蓮湖《ふうれん》は根室湾に面した汽水湖で、南東にある春国岱《しゅんくにたい》には3列の砂丘が発達し、ここと国後島の古釜布《ふるかまっぷ》にのみ砂丘上のアカエゾマツ林が分布する。貴重な森林だが、海岸の沈降や近年の暴風の影響などで枯死や塩湿地への遷移が進んでいる。

湿原は役に立つ

道東に暮らす人々にとって湿原（ヤチ）は身近な存在で、良くも悪くもその影響を受けて生活している。湿原から養分を含んだ水が海に流れ込むことで沿岸域の生態系が豊かになり、コンブやカキをはじめとする漁業を支えている。霧多布湿原の海岸近くではかつてコンブ漁に使う馬が放牧されていたし、湿原内の氷切《こおりきり》沼では名前の通り、冬に氷を切り出して室に保管し、漁獲物の保存に使っていた。釧路湿原では、大雨後には周辺の山や台地から集まった水が、蛇行する河川から湿原内にあふれる。湿原の地下にある泥炭はスポンジのように水を蓄え、下流にある市街地を洪水被害から守っている。

釧路湿原細岡展望台からみた、雪解け時期に氾濫した釧路川

浜中町羨古丹《うらやこたん》のコンブ干しのようす

樹木とササとシカの相互作用が森林を変える

大台ヶ原

大台ヶ原の針広混交林。濃い緑色が針葉樹（ウラジロモミ、ヒノキなど）、薄い緑色が広葉樹（ブナ、ミズナラ、オオイタヤメイゲツなど）である（2004年撮影）

中静 透

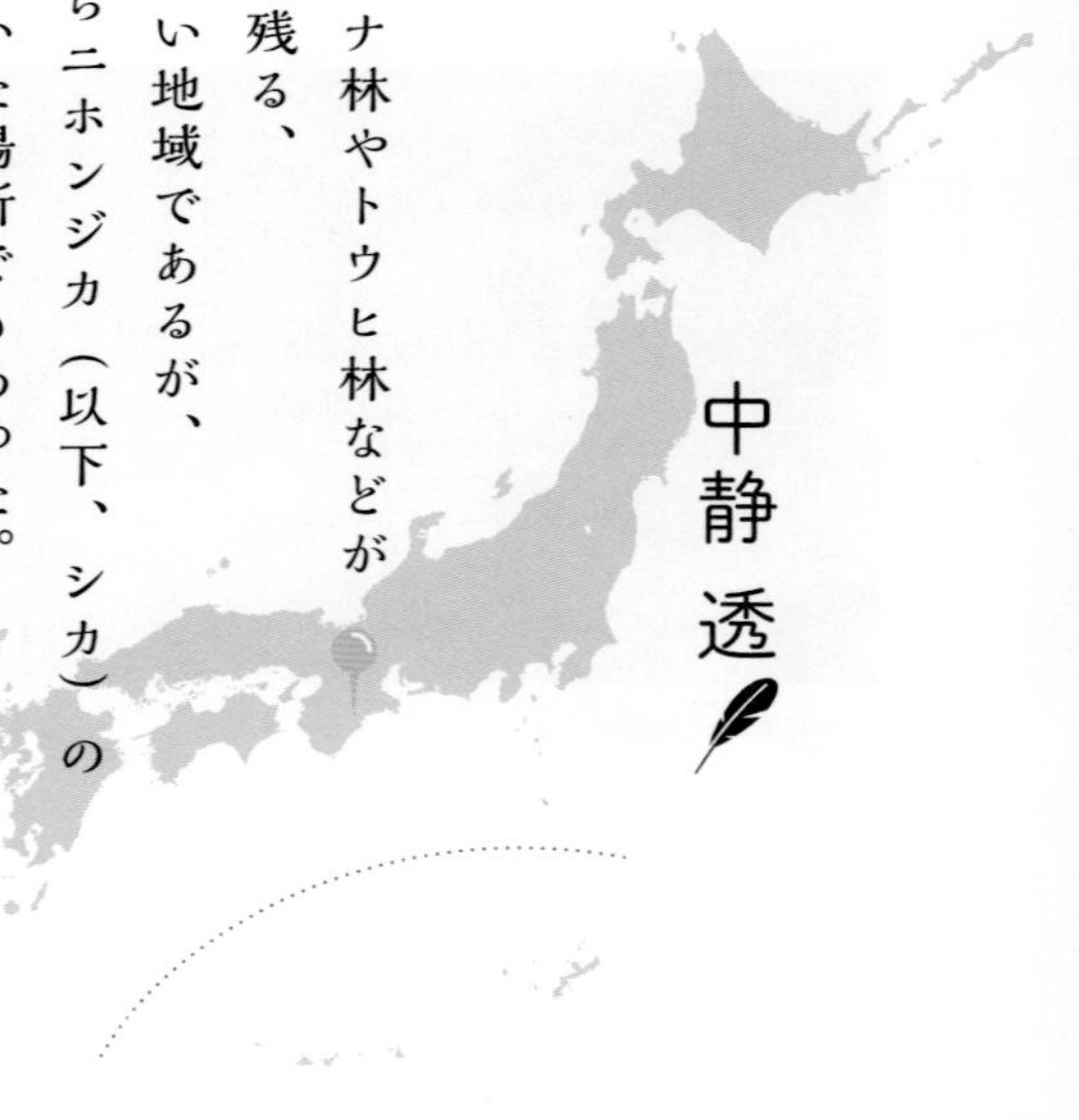

大台ヶ原は、ブナ林やトウヒ林などが原生的な状態で残る、関西では数少ない地域であるが、1970年代からニホンジカ（以下、シカ）の食害が知られていた場所でもあった。シカの食害が顕著となったため、2000年初頭に防鹿柵の設置により森林の回復が期待されたが、2020年ころまでに回復がみられた場所と逆に森林が衰退している場所がある。その違いは、樹木と林床に生えるササ類、そしてシカの相互作用によって引き起こされたものである。

大台ヶ原の森林植生

急峻な斜面の多い紀伊半島には珍しく、標高1300～1680メートルに広がる準平原状の台地・大台ヶ原には、比較的原生状態に近い森林が残っている。西大台とよばれる地域（標高は1600メートル未満の場所が多い）にはブナやミズナラなどを中心とした落葉広葉樹にウラジロモミやヒノキなどの針葉樹を交えた森林が成立しており、標高が高くなるほど針葉樹の割合が増す。東大台（主として標高1600メートル以高）ではブナは少なくなり、トウヒとウラジロモミを主とする針葉樹林が多い。大正時代にヒノキを中心に択伐《たくばつ》が行われ、いまだに当時の切り株が残っているところも少なくない。

林床のササも、標高の低いところではスズタケが中心で、標高がおおむね1550～1600メートル以高になるとミヤコザサ（イトザサ）が優占する。ササ類は樹木の実生や稚樹と競争関係にあり、ササ類の優占度の高い森林では樹木の稚樹や実生の密度は低いのがふつうだ。

日本全国でシカの被害が問題になっているが、大台ヶ原では1980年代とかなり早い時期からシカの影響が知られていた。特に東大台では、シカが増えたことによる森林衰退が明らかになっていた。そのため、環境省が防鹿柵《ぼうろくさく》などのシカ対策を開始していた。その後西大台でもシカの増加が著しくなり、2002年からは自然再生事業として対策が検討されてきた。

西大台の針葉樹林の衰退。台風による倒木に加えて、シカによる樹皮はぎが原因といわれている（2004年撮影）

植生学メモ | 【択伐】「たくばつ」と読む。木材として利用できる大きさの木を部分的に伐採すること。

ニホンジカによるウラジロモミの樹皮はぎ。トウヒやウラジロモミの場合、かなり大径の樹木でも被害を受けて枯死する（2004年撮影）

シカの食害

シカの植生に対する影響は、

・樹木の樹皮をはぎ、深刻な場合には枯死させる
・実生・稚樹を食べる
・ササ類やそのほかの草本などを食べる

といった点が重要である。

樹皮はぎの影響は樹木の種類によって異なるが、特にトウヒやウラジロモミなどの針葉樹の被害が大きく、直径数十センチの幹でも枯死に至る場合がある。広葉樹の場合は、キハダなどで影響が大きく、ブナやミズナラなどは被害が小さい。タンナサワフタギ、リョウブなど、被害を頻繁に受けるものの、枯死までには至らないケースもある①。

稚樹や実生は、ほとんどの樹種が食害を受ける。食害を受けにくい樹種もあるが、それは有毒あるいはシカが嫌う化学成分を持った樹種に限られている。ただ、例えば高さ5センチ未満というような小さな実生は、シカの食害を受けながらも生き残る場合がある。

ササ類も、種類によってシカの食害の影響は異なる。シカはどちらかというとミヤコザサを好んで食べるといわれているが、食害を受けた場合にはスズタケのほうが深刻で、高さ2メートル近くあったスズタケ群落が壊滅状態になる場合もあるし、防鹿柵を設置した後の回復も遅い。一方ミヤコザサは、食害を受けると稈高《かんこう》が低くなることはあれ、完全に消失することは少なく、防鹿柵設置後の回復速度も速い。

この違いは、両者の生育形の違いにある②。スズタケの稈は大きくて（2メートル以上になることもある）寿命も長く、地上の高いところで分枝をする。地上部現存量も大きく、地下部の貯蔵物質の割合が相対的に少ない。そのため、地上部を食べられると大きなダメージを受け、地下部にプールしてある資源が少ないため、なかなか回復できないというイメージである。

それに対して、ミヤコザサの稈はおおむね1メートル未満で寿命は短く、地表面近くで分枝する。したがって、おそらくは地下部の貯蔵物質の役割が大きく、シカに食害を受けても早く回復すると考えられる。

防鹿柵の設置とその後の変化

シカが増加する前の森林では、スズタケもミヤコザサも樹木の更新を妨げていた。大台ケ原では、高標高域のトウヒ・ウラジロモミ林では1980年代からシカによる樹皮はぎで森林が壊滅状態になるなどの影響が顕著であった。したがって、防鹿柵を設置して森林の再生を目指すわけだが、こうした場所では稚樹も食害を受けて少なくなるし、林床はミヤコザサの場合が多いので、林内が明るくなることも手伝って一面ミヤコザサの群落になって安定化してしまう場合がある。広葉樹と混交する森林でも、ウラジロモミは樹皮はぎの被害を受けやすいため、ウラジロモミの多い森林ほど枯死木が多くなり、林冠ギャップが増えて林内は明るくなる。こうした場所に防鹿柵をつくった場合は、ミヤコザサの回復が速くなるうえに、林内が明るくなったことでミヤコザサの密度も高さも大きくなり、実生や稚樹の新規加入が大きく制限される。そのため、防鹿柵をつくっても樹木の更新は成功せず、林床にミヤコザサが

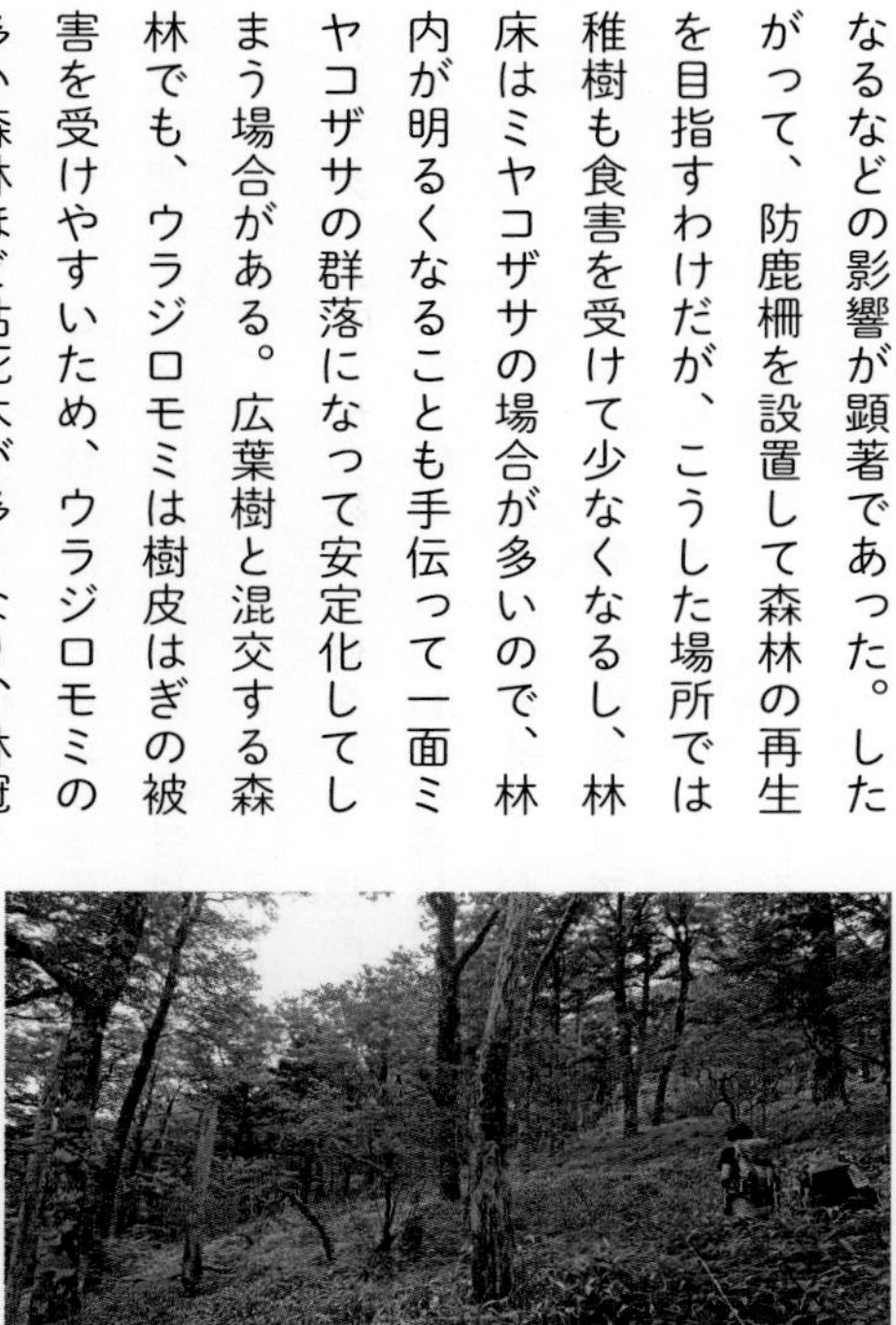

林冠にウラジロモミが多く、林床にミヤコザサが優占する森林でシカの食害を受けた場合。広葉樹の林冠木は生き残っているが、ウラジロモミは枯死し、林内が明るくなっている。しかし、防鹿柵をつくっても（設置後15年以上経過している）樹木は更新せず、ミヤコザサが優占する（2022年撮影）

優占するまばらな森林となってしまうことが多いのだ。こうした状況になると、植樹をすると同時にそれをシカの食害から守るという、手間をかけた再生手法が必要になる。

一方、少し標高が下がって、ブナやミズナラなど広葉樹が多く、かつスズタケが林床に優占していた森林では、まずシカの食害によってスズタケがほとんど消失してしまう。すると、スズタケに妨げられていた樹木の更新がやや促進される。樹木の実生もシカの食害を受けるが、高さ数センチの小さな状態で生き残るものが増える。こうした状態で防鹿柵を設けると、生き残った実生が成長を開始すると同時に、新たな実生も加わって、更新が大きく促進される。特に林冠ギャップのような明るい場所では、先駆樹種も含めて密な樹木の稚樹個体群が更新する。しかし、ゆっくりではあるがスズタケも回復してくるので、防鹿柵を設置したあと時間が経過すると樹木の更新は減少するようになる。

何が森林の運命を決めるのか？

このように、樹木とササ類とシカの相互作用があることによって森林が回復する場合もあるし、逆に衰退する場合もある[3]。森林の再生を考える際に重要になるのは、関係する樹木とササ類の組み合わせということになる。

まず、樹皮はぎの影響を①受けにくい樹種（ブナ、ミズナラ）と②受けやすい樹種（ウラジロモミ、トウヒ）という林冠樹種の違いが重要である。これに加えて、シカの食害の影響を❶受けやすいササ（スズタケ）と❷受けにくいササ（ミヤコザサ）の組み合わせも重要な意味を持つ。標高の低いところに多い①と❶の組み合わせの森林で防鹿柵をつくった場合には更新は促進されるが、標高の高いところに多い②と❷の組み合わせでは防鹿柵が逆効果をもたらす。大台ヶ原はこうしたやや複雑な相互作用の結果をみることができる場所なのである。

林冠にブナが多く、林床がスズタケの森林における林内の変化。1991年には高さ2メートル前後のスズタケが優占していたが、2001年にはシカの食害でほぼ消失した。2003年に防鹿柵が設置され、その後は樹木の更新が盛んに起こった

林冠にブナが多く、林床にスズタケが優占していた林で防鹿柵を設置してから約20年経過した状態。ギャップには樹木が更新しているが、林冠が閉鎖している部分ではスズタケがゆっくりと回復している

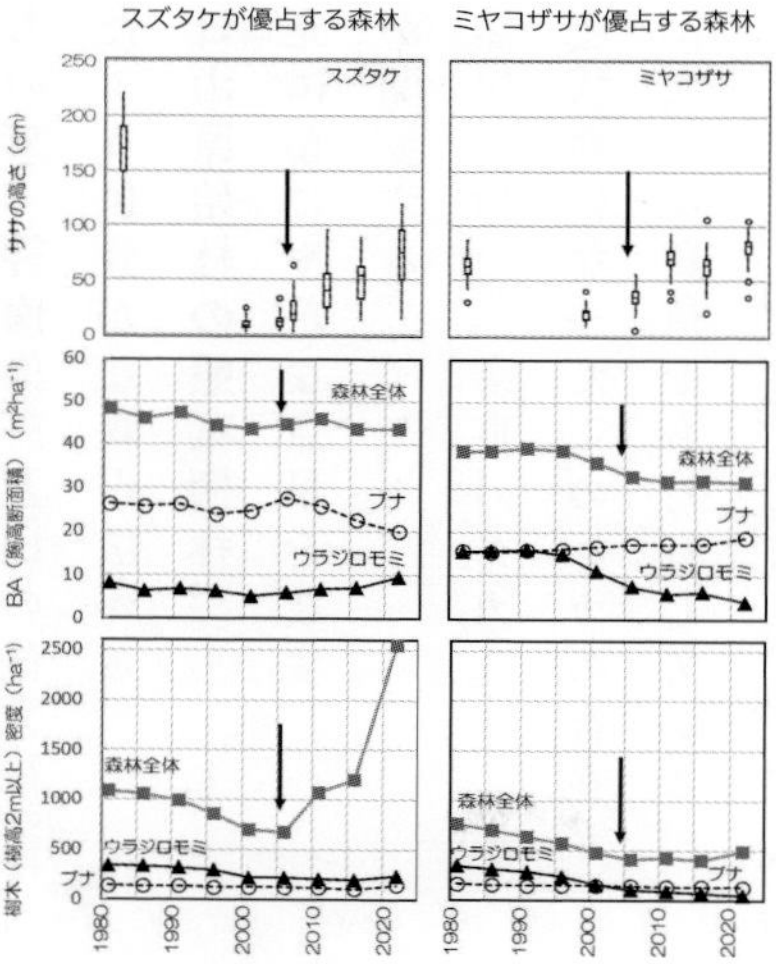

林冠にブナが多く林床にスズタケが優占する森林（左）と林冠にウラジロモミが多く林床にミヤコザサが優占する森林（右）の30年間の変化。1980年ころに2メートル前後あったスズタケは2000年ころまでにシカの食害で壊滅状態となり、その後防鹿柵が設置されて（↓のタイミング）緩やかに回復した。もともと60センチ程度であったミヤコザサは、シカの食害でも減少は小さく、防鹿柵設置後に急速に回復した（上の図）。森林全体の断面積は、ウラジロモミの食害による減少が顕著で（中の図）、林内が明るくなった。樹木の密度（樹高2メートル以上）は、ブナ－スズタケの森林では防鹿柵設置後15-20年間で急速に増加したが、ウラジロモミ―ミヤコザサではほとんど増加していない（下の図）。
↓は防鹿柵を設置した時期を示す

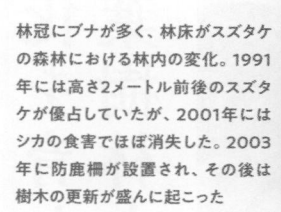

特別天然記念物・春日山原始林

文化を育む照葉樹林とシカの葛藤

前迫ゆり

若草山からみた春日山原始林。シイ・カシ類の新芽と花序によって、山はにぎやかな彩りをまとう（2022年5月8日）

奈良のまちの東、神南備御蓋山《かんなびみかさやま》の後方に
扇を広げたように豊かな森が広がる。
それは春日山原始林の照葉樹林。
南都の風光になごやかな点景をなす
野生動物が闊歩する。
それは天然記念物の「奈良のシカ」。
今、過密度状態になったこのシカの存在が、
照葉樹林に大きな負荷をもたらしている。
ともに1000年の時を刻んできた森とシカは、
100年後にも共存しているだろうか。

春日山原始林とシカの歴史をたどる

正倉院に伝えられる日本最古の地図「東大寺山堺四至《さんかいしいし》図《ず》」（756年）には、春日山が「南北度山峯」と記されている。これは、日出る方向に南北に渡る量感豊かな山峰を意味するのだろう①。この山は、シイ・カシのなかまを中心とする、照葉樹林に覆われている。その森が「春日山原始林」であり、春日大社の神域として842年に狩猟伐採禁止令が出され、現在まで守られてきた。1955年に「樹木の巨大なもの多く、暖地の草木の種類が多いばかりでなく、寒地性の種類を交え……（中略）……、学術上の価値が深い」ことから、特別天然記念物に指定され②、1998年には古都奈良の文化財として世界文化遺産にも登録された③。森林は、台風のような攪乱によって木が倒れ、明るい場所ができると、そこで若木が育つ。こうして、少しずつ個体が入れかわる。森林は災害やアクシデントをも味方にしながらゆっくり動き、森林更新と種多様性を維持しているというわけだ。春日山原始林（以下「春日山」とよぶ）では、その森林回転率はおよそ180年である④。

さて、奈良といえば連想されるのはシカだろう。「奈良のシカ」はよく人に馴れ、その人気はダントツである。このシカは、白鹿に乗った神が常陸国《ひたちのくに》から奈良の地（御蓋山）に降りたったと伝えられたことから神鹿《しんろく》とされ、1957年には天然記念物に指定された。南北朝時代に描かれた「春日社寺曼荼羅」（根津美術館蔵）には、寺社とともに48頭のシカ、御蓋山そして春日山が緑濃く描かれている。

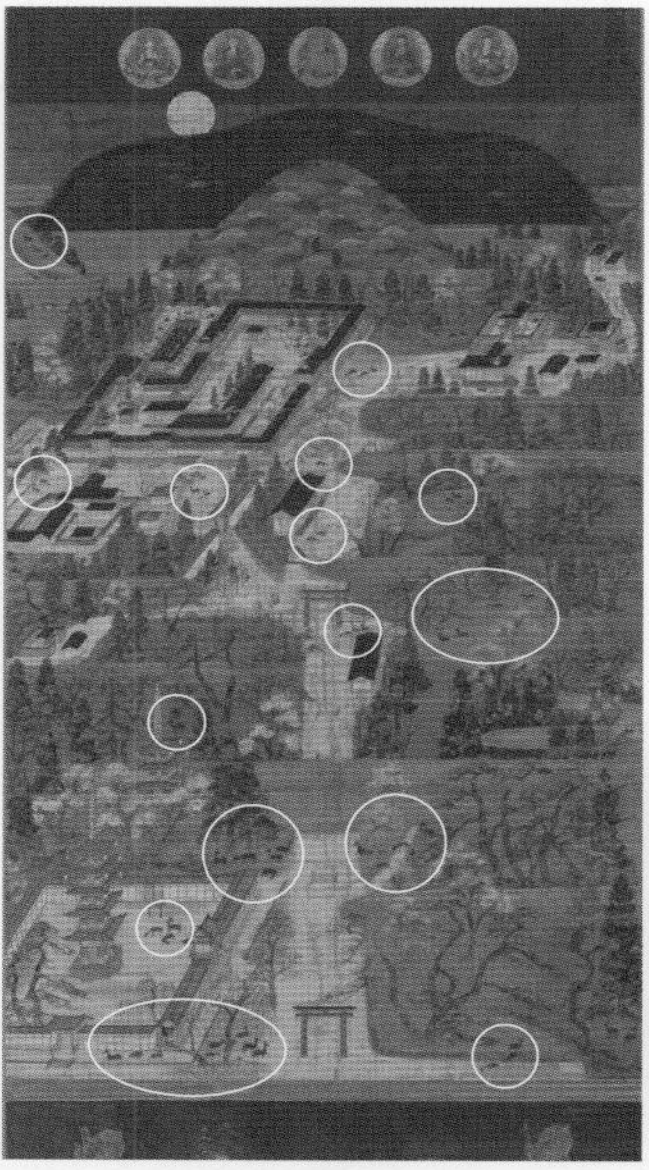
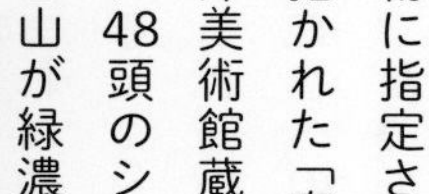

春日社寺曼荼羅（根津美術館蔵）。○で囲んだ部分にシカが描かれている

植生学メモ 【林冠ギャップ（あるいはギャップ）】台風による倒木や立ち枯れによって、枝葉に覆われていた林冠に穴ができる。その部分を林冠ギャップという。

シカは森をどのように変えたのか

１９７８年、春日山山頂で発生した山林火災調査[5]の帰り道、恩師の菅沼孝之先生（当時、奈良女子大学）はナンキンハゼとナギの実生を見つけると、「これが広がって困る」とつぶやきながら歩いておられた。それから10年。シダ植物や林床植物がめっきり減ったという地元の植物研究者の声に背中を押されて、私は春日山での調査をスタートさせた。すると、ブナ科樹木の実生や稚樹はもちろんのこと、照葉樹林によく出現するヤブツバキやアオキも、ほとんどみられないことがわかった。林床にあるのはイワヒメワラビ、シキミ、イヌガシなどに限られ、種組成は極めて単純になっていた[6]。林床でみられた植物に共通するのは、「シカが食べない」ということだった。つまり、森の骨格をつくるような親木の子どもたちは育たず、シカの食べ残した植物になっていた。

また、１９６１年から40年間の空中写真から林冠のギャップ面積を読み取ってみると、明るくなっていく森林が浮かび上がった[6]。森の樹木が減って、上空を覆う枝葉がなくなり、森林内に光が入るようになっているということだ。増えすぎたシカは森林の草本を食べ尽くし、樹皮まではいで食べ[7]たため、木が枯れてしまう。種子や萌芽で生まれた幼植物も食べられて、森林更新が阻害される[8]。さらに、繰り返しシカに植物体が食べられるため植物のサイズも小さくなっていた[9]。シカの森林への影響は予想以上に大きかった。最近では、かつては食べなかったイズセンリョウ、クリンソウ、イラクサも食べるようになり[10][11][12][13]、森林の種多様性の低下はさら進んでいる。文化的背景を持つ森とシカの関係は必ずしも調和的とはいえなくなってしまっている[14][15][16]。

一方で、イチイガシ、ツクバネガシ、コジイ、ウラジロガシ、アカガシといった複数のブナ科常緑広葉樹の大径木が生育し、標高によってそれらの種が交代するという、春日山照葉樹林の特性は維持

植生学メモ　【先駆性樹木】パイオニア樹木ともいう。森林や林縁の明るい=光環境がよい場所にいち早く侵入し、定着するような樹木。例:アカメガシワ、ウリハダカエデ、ナンキンハゼなど。

されていた[16][17]。林床ではシカの影響が顕著である一方、絶滅危惧II類のホンゴウソウ[18]、ウドカズラ、フウランなど、全国的に減少している種も生育しており、この森林の学術的価値と貴重性はなんとか維持されていることがみえてきたのは、長年の調査の成果だといえよう。

ツクバネガシの高さ15~20メートルの幹に着生しているフウラン（2021年5月）。その後7月上旬に開花した

イチイガシ林（標高230メートル）。2012年、やや明るいイチイガシ林内にシカ柵を設置した

照葉樹林を針葉樹林に変えたシカ

2004年からは、照葉樹林に拡散する外来種の分布調査を開始した[19]。この調査によって、シカが好まないナギとナンキンハゼという2種の外来種が照葉樹林に拡散していることが明らかになった。常緑針葉樹のナギは春の季節風によって種子が林内の広い範囲に飛ばされ[20]、耐陰性が高いため林冠閉鎖した暗い森林や谷部でも生き残って侵入していた。一方、ナンキンハゼは明るいところを好む先駆性樹木で、鳥散布によってギャップに侵入

ナンキンハゼは、もともとは奈良公園に植えられた公園樹だった。植栽から80年後、春日山全体に拡散した

植生学メモ　【耐陰性】先駆性に対して、暗い＝光環境が悪い場所で成長できる植物を「耐陰性が高い」という。例:コジイ、アカガシなどの常緑広葉樹、ナギなど。

していた[21]。そのため春日山の多様性の高い常緑広葉樹イチイガシ林の一部は、すでに極めて単純な常緑針葉樹ナギ林に置きかわっている。数百年をかけて、「奈良のシカ」は、世界でも類をみない、極めてドラスティックな森林変化を引き起こしたといえるだろう。

イチイガシ林に定着したナギの高木（矢印）。もともとは春日大社に捧げられた（献木）文化的背景を持つ樹木。春日山原始林の西方に位置する御蓋山のナギ群落は天然記念物に指定されている。日光があまり差さない暗い林でも育つことができ、常緑広葉樹の森に侵入している。

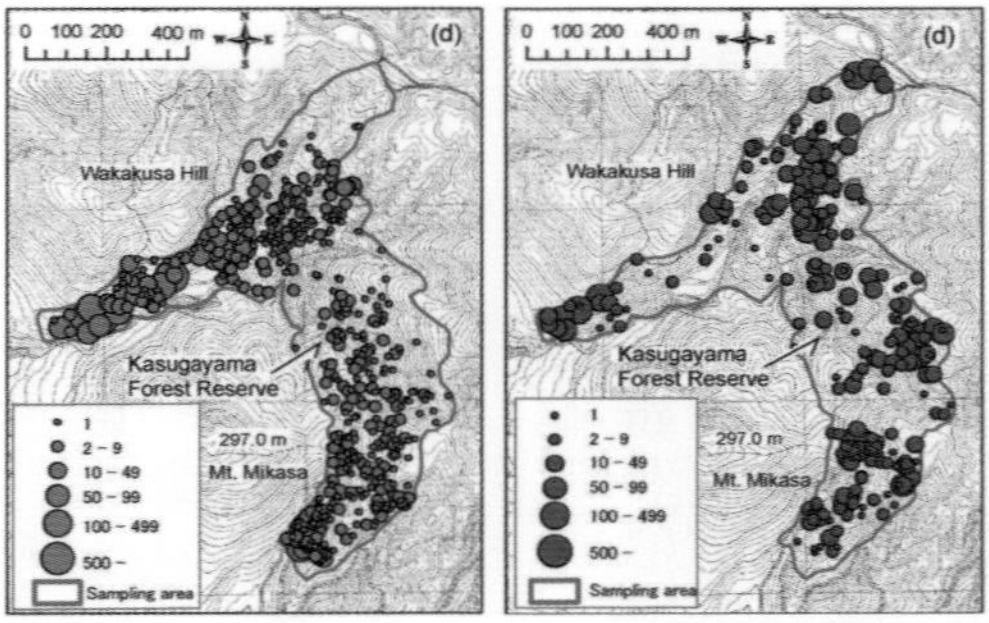

春日山原始林45ヘクタールで調査した外来種ナギとナンキンハゼの分布図（上），ナギとナンキンハゼのサイズ別に林冠タイプの比率を算出したグラフ（下）。ナギは6300本、ナンキンハゼは4543本を確認した。直径10センチ以上の成木は，ナギが459本，ナンキンハゼは73本あった。侵入した林冠タイプは，ナギでは閉鎖林冠と疎開林冠が80％以上を占め，ナンキンハゼはギャップとギャップ辺縁が70％以上を占めた。このことは2つの外来種の生態的特性を反映している（⑲より抜粋）。

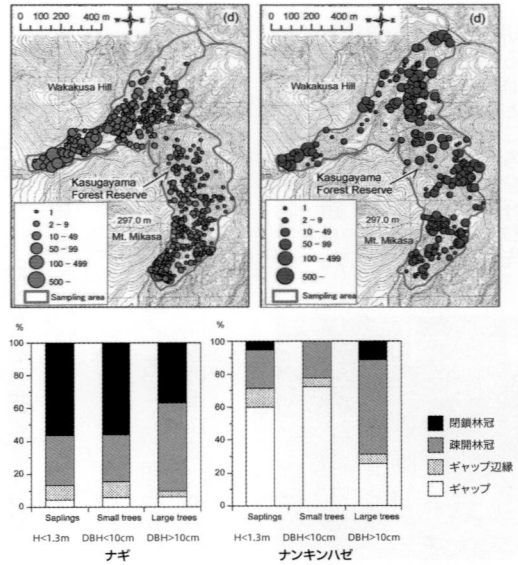

100年後も照葉樹林であるために

では、いったい何頭くらいのシカが森林を利用しているのだろう。糞塊調査で推定した春日山のシカ密度は、高いエリアではおよそ1平方キロあたり80頭に及んでいた㉒。環境省は、同じ奈良県の大台ヶ原の森林保全上、1平方キロあたりのシカ密度を5頭とすることを目標にしている。それを考えると、春日山のシカはたいへんな過密度状態にあるといえよう。

2007年、シカが入らないように柵で囲った実験区を設置してみた。すると、明るい林冠下では種多様性とバイオマスが増加し、草本植物が開花するなどの反応がみられた㉓。一方、シイとナギの暗い森林でほとんど多様性に変化がみられなかった。これは、森林更新のプロセスでみられる変化ともいえよう。シカの食い尽くしがなければ、この森は健全に回転する力を有している。

では、シカが侵入しないように植生保護用の柵をつくればよいのだろうか。確かにそれも森林を保全する一つの手法ではあるが、それは森林生態系の一部を保全しているに過ぎない。万葉の人々もみたであろう春日山の森を100年後も照葉樹林として活かし続けるためには、適度な頭数のシカの生息を許容しながら森林全体が動き、生物多様性が保全されるしくみが必要である。そのしくみをつくり上げることは、今に生きるわれわれの責務ともいえよう。

2012年4月にツクバネガシ林内の明るい場所（林冠ギャップ）に、シカの食害を排除できるシカ柵を設置した（上）。2年後、林床植生が繁茂した（2014年5月31日、下）。

（写真提供:平田令子）

残された綾の照葉樹林

山川 博美・伊藤 哲

発達した照葉樹林が
これだけの面積規模で残るのは、
世界的にみても珍しい。
一見、四季の変化が
ないようにみえる照葉樹林だが、
新緑の春、新芽の色は樹の種類によって違う。
発達した樹冠の〝もこもこ〟とした形と、
多様な緑のパッチワークが美しい。
こんな森の変化を観察してきたら、
森と樹の時間はゆっくりと
流れることがよくわかった。

発達した照葉樹林の変化を追う

宮崎県綾町《あや》には、約2500ヘクタールに及ぶ国内最大級の照葉樹林が広がっています。

照葉樹林は、人間活動によって伐採や改変が行われ、中国大陸を含めても、典型的な自然林はあまり残っていません。綾の照葉樹林も人とのかかわりが強く、人の手が全く入っていない部分は少ないのですが、原生に近いと考えられるよく発達した照葉樹林も残り、この森の核となっています。この発達した照葉樹林は、林野庁が指定する綾森林生態系保護地域となっています。

1989年、綾の照葉樹林の核となるエリアに、原生的な照葉樹林の変化（専門用語では「動態」といいます）を長期的に観察するため、4ヘクタール（200メートル×200メートル）の大きな試験区「綾リサーチサイト」が設定され①②③、4000本以上の樹木の継続調査が行われています。著者の一人は2009年から調査に参加していますが、試験地設定に尽力した人たちの何人かはもう現役を退かれ、世代交代も進みつつあります。調査がリレー式に引き継がれているわけで、こんなことからも森林調査の時間スケールの壮大さが感じられます。

綾リサーチサイトはイスノキ—ウラジロガシ群集とイチイガシ—ルリミノキ群集との境界に位置し④、高木層にウラジロガシ、アカガシ、イスノキ、イチイガシ、タブノキ、亜高木層にヤブツバキ、サカキ、低木層にハイノキ、ヒサカキ、ヤマビワ、草本層にコショウノキ、ミヤマトベラ、コバノカ

照葉樹林の林内。常緑樹が優占する林内は、昼間でも薄暗い厳かな森です

植生学メモ 照葉樹林の優占種はシイ類・カシ類とされることが多いのですが、この森で優占度が最も高いのはイスノキです。これが南九州の本来の照葉樹林の姿のようです。

ナワラビ、フユイチゴなどが出現します。このように、林冠から地面までの間にさまざまな高さの樹が複雑に生育していることも、発達した照葉樹林の特徴です。林冠の高さは25~30メートルを超えるものがあり、胸高直径が1メートル以上のウラジロガシ、アカガシ、タブノキなどがみられます④。

表1.綾リサーチサイトにおける林冠構成種の種組成

②Tanouchi and Yamamoto,1995を改変。**下線**は幹本数および胸高断面積合計の上位5種を表します。イスノキが幹本数・胸高断面積ともに高く優占し、ついでタブノキやカシ類と続いています

樹種	高木（DBH ≧ 5cm）		低木（DBH<5cm, 樹高≧ 1.3m）
	幹本数（本 /ha）	胸高断面積合計（m^2/ha）	幹本数（本 /ha）
イスノキ	**318.5**	**10.1**	2005.0
ホソバタブ	**68.0**	1.9	256.0
タブノキ	**37.3**	**8.4**	143.3
マテバシイ	**34.3**	1.3	32.5
ウラジロガシ	**32.0**	**6.3**	8.3
アカガシ	21.5	**7.9**	4.3
スダジイ	15.8	**2.2**	82.0
イチイガシ	8.3	1.4	2.8
ユズリハ	5.5	0.4	0.3
ミズキ	3.3	0.4	0.0
イヌマキ	2.8	0.3	1.0
その他 11 種	8.1	1.3	17.8

まっすぐ伸びるイチイガシ

直径1メートルを超えるタブノキ

巨大台風の襲来と影響

綾リサーチサイトでは、設定以来2年または4年ごとに、樹木の生死や成長量が調べ続けられていて、もう30年を超える森の変化情報が蓄積されています。この間に起きたいちばん大きな森の変化（攪乱《かくらん》）は、1993年の台風13号の直撃でした。この台風は、上陸時の中心気圧は日本での観測史上3番目に低く、この地域での再来間隔はおよそ104年と推測される、大きく強いものでした⑤。この台風によって、多くの樹木が倒れ、林冠にはギャップとよばれる穴がたくさんできました③⑤。

台風による被害の受け方は、樹木の種類によって違っていて、タブノキ、マテバシイ、ホソバタブ、ヤブニッケイなどが台風被害を受けやすい樹種でした⑥。逆に、イスノキやサカキなどは幹折れなどの被害は少なく、台風攪乱に強い樹種と考えられました⑥。攪乱後、ヤブニッケイなどはギャップの周辺などで急速に成長しましたが、林冠を構成するアカガシやウラジロガシの更新は少ないこともわかりました。このときできた大きなギャップのなかには、30年近くたった今でも閉じていないものがあります。もとのように林冠が閉鎖するのには、あとどのくらいかかるでしょう。私たちがリタイアするまでに、見届けられるのでしょうか。

地上から見た林冠のようす。台風によって樹木が倒れ、その樹木が葉を茂らせていた部分が穴（林冠ギャップ）になっています

植生学メモ｜シイ類やカシ類は萌芽能力が高く、伐採されても比較的回復しやすい樹種です。特にコジイ（ツブラジイ）は里山的な利用をされた森で優占しやすいようです。

ギャップのなかでは、バリバリノキなど新しい実生が発生しています

幹折れ

照葉樹林のなかに混じる針葉樹

根返り

人とのかかわり

綾の照葉樹林は古くから、人とのかかわりのなかで維持されてきました。綾の森では、戦後の拡大造林期以前から活発な林業活動が行われ、地域の生活や経済を支えていたようです⑦。例えば、綾一帯で碁盤の材料として有名な温帯性針葉樹のカヤが選択的に伐採されたり、明治から大正初期にかけてモミやツガが大量に伐採されたりしていたという記録があります。モミやツガは切り株からの再生（萌芽）能力が極めて低いため、一度伐採されるとなかなか次世代の再生ができずに数を減らしたと想像できます。古い時代には、温帯性針葉樹は照葉樹林のなかにもっと混生していたのかもしれません。

また、広葉樹造林の記録も残っていて、古いカシの造林地があるようです。伐採・搬出に使ったトロッコ道のすぐ側の平坦地で、イチイガシなどが揃って生えているのはむしろ「不自然」にもみえます。現在は一見自然林とみえている林でも、一部には人工造林地が含まれているのかもしれません。これらの林は人工的につくられた林とはいえ、今は立派な〝照葉樹林〟となっており、自然林再生の先駆けと考えることができます。

綾リサーチサイト周辺には発達した照葉樹林が残っていますが、このあたりは拡大造林当時はすでに有用樹種が抜き伐りされた後であったため経済価値が低く、これが理由で皆伐・林種転換（スギ・ヒノキ人工林化）を免れ、保護対象となったらしいとの話もあります。

変化する環境のなかで

綾地域では、1988～1995年ころに急速にニホンジカによる林床植生への食害が進行し⑧⑨、大きな影響が出ています。森林生態系保護地域に指定されたエリアの周辺には針葉樹の人工林があり、これを照葉樹林に復元するプロジェクトが進められています。しかしこのプロジェクトは、シカの食害によってうまく進んでいない部分がありますⓉ。綾の森を保全するうえで、今後はシカの管理が重要なテーマです。

また近年は、カシノナガキクイムシという昆虫が媒介する樹木の病気「ナラ枯れ」の被害が、シイ類やカシ類で確認されています。年によっては結構な数の大木が枯死していますが、近畿以北の落葉性ナラ類（コナラ、ミズナラなど）の甚大な被害に比べると、現時点で致命的な脅威にはなっていないようです。

自然の過程だけでなく、人の影響も受けて変化する環境のなかで、照葉樹林はどのように変化していくのでしょうか。それを見届けるためには、まだまだ観察を続けていく必要がありそうです。

照葉樹林の復元プロジェクトでスギ人工林を部分的に伐採し、新しく更新してきた広葉樹。しかし、シカの不嗜好性植物であるバリバリノキやシロダモが優占しています

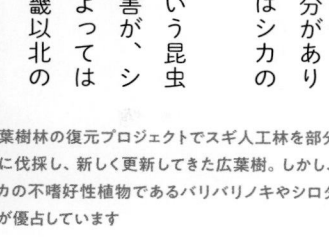

阿蘇の草原

阿蘇に広がる草原の植物のすみ場所をつくるさまざまな攪乱

熊本県南阿蘇村吉田の吉田牧野の野焼きで維持される草原

阿蘇では、火を入れる、草を刈る、
牛を放すなど
人が手を入れて「攪乱」を起こすことで、
長らく草原が維持されてきた。
こうした人による攪乱だけでなく、
雨で斜面が崩れるなど自然の攪乱も
阿蘇の植物が生きるうえで重要だ。
人や自然の攪乱によって、
多様な植物が生育できる環境がつくられ、
草原の生物多様性は維持されている。

横川昌史・増井太樹

人の営みと阿蘇の草原

日本は暖かくて雨が多い国なので、裸地を自然に任せておくと多くの場所では、まず草が生えて草原になり、次第に樹木が入り込んで森になります。しかし、人が火を入れたり、草を刈ったり、家畜を放したりすると、森にはならず、草原の状態で維持されます。自然の植生遷移を止める要因を「攪乱《かくらん》」といいますが、攪乱には自然発火による山火事、台風や地震による土砂崩れなどの自然現象によるもののほか、火入れや草刈り、放牧など人の手によるものも含まれます。このような人による攪乱によって維持される草原のことを半自然草原とよびます。昔は草原で採れる草が肥料や家畜の餌、屋根材などとして人の生活に欠かせないものだったので、人が積極的に半自然草原を維持してきました。

九州の中央部に位置する阿蘇では今も地元の人によって2.2万ヘクタールにも及ぶ広大な草原が維持されています。まだ寒い2月から3月ごろ、植物が芽吹きはじめる前に、阿蘇の各地で草原に火が放たれます。立ち枯れしたススキが火に焼かれ、草原は真っ黒になります。その後、暖かくなってくると、真っ黒な草原で植物が芽吹きはじめ、キスミレやサクラソウなどいろいろな花が草原を彩ります。こういった草原に火を入れる営みを阿蘇では「野焼き」とよんでいます。これは、草原を維持する大切な作業なのです。

赤身が多くやわらかいヘルシーな肉質の「あか牛」が放牧される景色は、阿蘇ならでは

植生学メモ 半自然草原は、かつては日本各地の身近にあった生態系でしたが、高度経済成長期以降の植林・開発・管理放棄によって面積が激減しました。過去100年程度で国土の10%以上の面積が、わずか1%程度まで減少したという推計もあります。

春の訪れを告げる野焼き。現在は多くの野焼き支援ボランティアによって支えられている

この野焼きの火と草原がどう関係するのか、植物の冬越しの視点から考えてみましょう。多くの樹木は枝先に冬芽をつけ、春になると冬芽が開いて新しい葉を出します。つまり、地上の芽で冬越しをします。一方、冬になると地上部が枯れてしまう草の多くは、死んでしまっているのではなく、地表や地中に芽をつけて冬越しします。

草原に火が放たれると、地上の温度は最大で800℃ぐらいになるといわれており①、地上で冬越しをする樹木は焼け死んでしまいます。一方、野焼きの場合、地表を火が通りすぎる時間は1〜3分程度とごく短いため、地中までは熱が伝わらず、温度はほぼ上がりません②。そのため、地表や地中で冬越しの芽をつける草の多くが、焼け死ぬ可能性は低いのです。野焼きの後には、生き残った地中の草たちが一斉に芽吹くため、あっという間に緑の草原となります。古来から続く春の野焼きは、このような植物の特性を応用した、最も効率的に草原を維持する技術なのです。

阿蘇の土壌中の植物の微化石や木炭を調べた研究によると、過去1万年にわたって阿蘇の草原に火の影響があったそうです③④。この火の影響が自然の火事ではなく、人によるものだったのであれば、阿蘇の草原は、とても長い期間、人の手で維持されてきたことになります。

植生学メモ 春に草原に火を入れる営みは全国各地で行われ、地域によって「火入れ」「山焼き」「野焼き」などいろいろなよび方があります。

こうして人が長い時間をかけて維持してきた阿蘇の半自然草原にはさまざまな植物が生育しており、なかには日本では阿蘇にしか生育していない植物もあります⑤。これら阿蘇の半自然草原に咲く花たちには、盆花《ぼんばな》（お盆にお供えする花）として利用されるなど、人の生活や文化に深くかかわっているものもあります。私たちは、こういった半自然草原の植物たちがどのように生きているのか、また全国的に半自然草原が減っているなかで、こういった植物をどうやったら守れるのかということに興味を持って研究しています。その一例として、阿蘇の斜面崩壊という自然の攪乱と草原の植物の関係について紹介しましょう⑥。

崩壊した斜面が維持する草原の植物

阿蘇の草原をウロウロしていると、あちこちに斜面が崩れた跡が見つかります。阿蘇の草原では、こうした小さな斜面崩壊が日常的に起こっているようです。一方で、災害といえるような規模の大きな斜面崩壊が起こることもあります。よく知られているのは、1953年、1990年、2001年、2012年の豪雨や、2016年の地震による斜面崩壊です。このように、斜面崩壊はときおり大きな被害をもたらすのですが、私たちは草原を歩いていて、過去に斜面崩壊があったと思われる場所でさまざまな植物が花を咲かせているなと

野焼きの後、黒く焼け焦げたススキのなかに一斉に咲き始めたキスミレ

盆花。かつて阿蘇ではお盆になると草原から採った花をお墓にお供えしていた。盆花採りは子どもの仕事だったらしい

植生学メモ｜阿蘇の植物相のなりたちは複雑ですが、中国北東部や朝鮮半島北部と共通する要素（大陸系遺存植物）が多いのが大きな特徴です。

いう印象を持ちました。もしかしたら、斜面崩壊は草原の植物にとっては何かご利益があるのかもしれません。

そこで、2016年に阿蘇の草原で、同じ斜面のなかで異なる年代に斜面崩壊をした場所で植生を比較してみました。2012年に崩壊した場所（崩壊後4年）、1990年に崩壊した場所（崩壊後26年）、崩壊した痕跡が確認できない場所（崩壊なし）の植生を比較したところ（表）、崩壊後4年の場所はまだ十分に植生が回復しておらず、裸地になっている場所も多かったのですが、崩壊後26年経つとほぼ植物に覆われており、トダシバやヤマハギが多く生えていました。一方、崩壊していない場所は大きく育ったススキが大部分を占めていました。

斜面崩壊の指標種と出現頻度

崩壊後4年、崩壊後26年、崩壊していない草原にそれぞれ1メートル×1メートルの調査枠を30個ずつ置いて、出現した植物の名前と枠内を覆う割合を調べたところ、それぞれの崩壊年数に特徴的な植物（指標種）が存在することがわかりました。特に崩壊後26年の指標種は、草原に生きる植物が多く含まれていました

	崩壊4年目		崩壊26年目		崩壊なし	
植物名	平均被度	出現頻度	平均被度	出現頻度	平均被度	出現頻度
崩壊4年目の草原の指標種						
スギナ	0.67	0.78	0.02	0.21	0.00	0.02
オトコヨモギ	1.76	0.82	1.51	0.77	0.09	0.14
崩壊26年目の草原の指標種						
ヤマハギ	2.28	0.41	19.90	1.00	0.67	0.26
トダシバ	5.47	0.60	25.16	0.96	0.97	0.23
オミナエシ	-	-	5.26	0.71	0.10	0.07
ユウスゲ	0.11	0.08	2.95	0.79	1.76	0.82
リンドウ	0.00	0.02	0.21	0.39	0.00	0.03
カワラマツバ	0.02	0.06	1.41	0.57	0.80	0.49
タカトウダイ	0.00	0.03	0.41	0.61	0.30	0.81
ヌメリグサ	0.01	0.08	0.06	0.33	0.00	0.01
シラヤマギク	0.05	0.07	1.59	0.52	1.33	0.50
オカトラノオ	0.69	0.17	1.35	0.42	0.13	0.11
サイヨウシャジン	0.02	0.08	0.22	0.38	0.08	0.23
崩壊していない草原の指標種						
ススキ	17.17	0.80	17.23	0.81	76.56	1.00
オオアブラススキ	0.67	0.16	5.71	0.58	15.69	0.83
オオバギボウシ	0.00	0.01	0.12	0.07	6.99	0.60
ウンゼンザサ	0.02	0.03	0.20	0.07	6.55	0.41
ヒメノダケ	0.06	0.01	0.00	0.00	1.52	0.41
ヒメヨモギ	0.09	0.07	0.04	0.07	1.46	0.37
シバスゲ	-	-	0.02	0.16	0.21	0.28
ホソバシュロソウ	-	-	0.03	0.02	0.30	0.28

植生学メモ｜豪雨などによって崩壊した斜面では、種子や地下茎が含まれた表土が流される場合があり、表土がなくなった場所では自然に植物が生えてくるには時間がかかります。

崩壊後26年目の指標種として抽出された植物たち。①ユウスゲ、②オミナエシ、③リンドウ

　ここでとても興味深かったのが、オミナエシやユウスゲ、リンドウといった人が攪乱を与えてできた草原で特徴的にみられる植物が、特に崩壊後26年経った斜面に多く出てきたことです。こういった植物は、ススキが大きく育った場所では暗すぎてうまく生育できないのではないかと考えられます。つまり、斜面崩壊によってススキが大きく育った草原の植生がリセットされ、オミナエシやユウスゲ、リンドウといった草原特有の植物が生育しやすい環境ができたのではないかと推察します。

　草原に生きる植物が、斜面崩壊をした場所で多く生育していたのは、とても面白い発見です。草原の斜面崩壊が小規模な場合など、人の生活に大きな影響がない場合は、崩壊地の補修や緑化などはせず、自然の植生回復に任せておくことで多様な植物の生育環境が維持されるのでしょう。こういった自然の攪乱も阿蘇の草原の植生のなりたちに大きく貢献していると考えられます。

斜面崩壊した調査地の草原植生の変化

❶1990年の斜面崩壊。❷斜面崩壊後5年経った1995年には、崩壊地はやや緑になっており植物が生え始めているのがわかる。❸26年経った2016年には、周囲と変わらない程度の緑に覆われている

棚田の畦畔を彩る植物

但馬・淡路島

淡路島の水田畦畔。8月、キツネノカミソリが一斉に咲いた

松村俊和・澤田佳宏

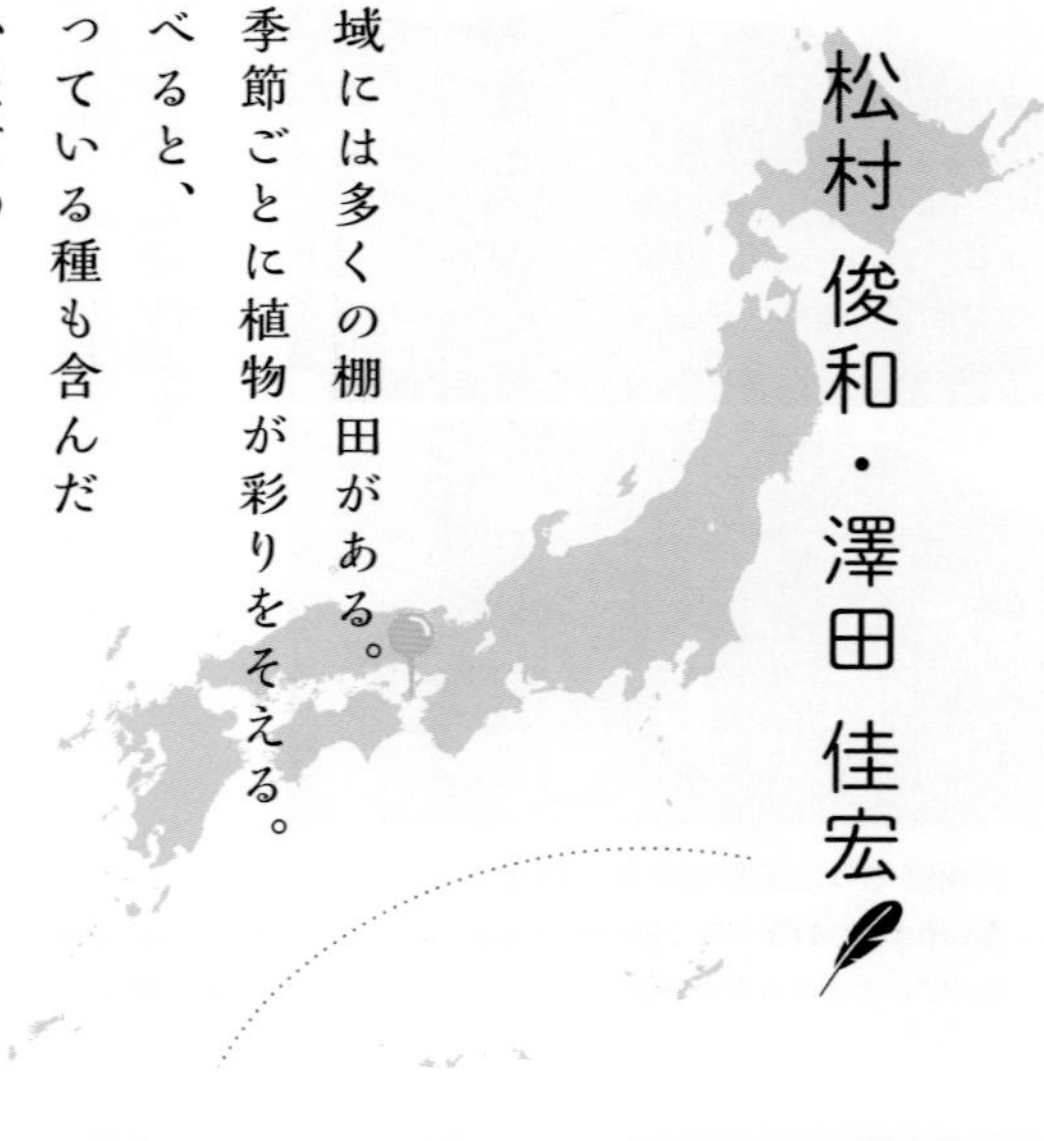

兵庫県の農村地域には多くの棚田がある。
その畦畔では、季節ごとに植物が彩りをそえる。
その顔ぶれを調べると、
絶滅危惧種となっている種も含んだ
ほかに類をみないほどの
多様性を持つことがわかる。
かれらは、草刈りという
農作業のおかげで守られてきた。
耕作放棄が進むなか、
農業という人の営みと植物との
絶妙な関係で守られてきた
植生を残すことはできるだろうか。

棚田は植物の宝庫

兵庫県の淡路島や但馬地域は、京阪神から日帰り旅行ができる自然豊かなところです。この地域を、海水浴やスキー、スノーボードの観光地として知っている人も多いでしょう。でも実は別の魅力もあります。淡路島北部の津名丘陵や但馬地域の山間部の斜面や谷には、地形に合わせた形の大小さまざまな水田があり、等高線に沿って緩やかな曲線を描いています。棚田の稲穂が実るころは、目を見張るほどの美しさです。

香美町（兵庫県但馬地域）の棚田。「日本の棚田100選」にも選ばれている

棚田の水田は草原生植物の宝庫でもあります。とはいっても、多彩な草原生植物があるのは水田のなかではなく、水田間の畦畔《けいはん》（あぜ）なのです。畦畔は、いわば田んぼがこぼれないようにせき止める盛り土なので、人が歩く平らな道部分の両側が、なだらかに水田につながる斜面になっています。その斜面には多くの植物が生育しているのです。私たちが調査したなかで、特に種数の多い水田畦畔には1平方メートルあたり40種程度の植物が生育していました。日本ではほかに類をみないくらいの多様性の高さです①②③④。

棚田の畦畔では、季節ごとに色とりどりの植物が咲きます。春はフデリンドウ、キジムシロ、タチツボスミレ、カキドオシなど、夏はウツボグサ、ネコハギ、ニガナ、ネジバナなど、秋はオミナエシ、ワレモコウ、ツリガネニンジン、アキノタムラソウなど多種多様。山地の茅場の植物が、身近な景色のなかでもみられるのです。さらに、かき分けてみると、コナスビ、ヒメハギ、ヒメヨツバムグラなどの目立たない植物を見つけられます。キキョウ、ツチグリなどの絶滅危惧種、スズサイコといった準絶滅危惧種が生育することがあります。

植生学メモ　【草原生植物】ススキ草原やチガヤ草原などの草原に生育する植物のことをいう。草原にのみに出現する植物もあれば、草原を主な生育場所としつつ林縁など他の環境にも出現する植物もある。

準絶滅危惧種のスズサイコの果実（花期:6〜7月ころ）

ヒメハギは草原のなかをかき分けないと見つけられないことが多い（花期:5〜6月）

フデリンドウ（花期:4〜5月）

キジムシロ（花期:3〜4月）

ワレモコウ（赤紫色の花）のある畦畔（花期:8〜10月）

ツリガネニンジン（花期:8〜10月ころ）

ウツボグサ（花期:6〜8月）

攪乱としての草刈り

多くの植物が生育する秘密は、草刈りにあります。畦畔の植物は、放っておくと1〜2メートル程度に成長するのですが、そうなると水田内がその影になってイネの成長に影響が出てしまうので、年に数回の草刈りが行われています。

草刈りや踏みつけなど、植物を直接的に痛めつける作用を攪乱といいます。攪乱は植生に悪い影響を与えるようなイメージを持つかもしれません。確かに、人間の手が全く入っていない原生的な植生に人為的な攪乱を与えることは「植生破壊」です。一方、水田畦畔のように永年にわたって草刈りされてきた植生では、ある程度の攪乱は多様性を維持するように働いています。

畦畔では、草刈りをしないと、ネザサやセイタカアワダチソウなど競争に強い植物が一人勝ちの状態になります。外からみるとまるでやぶです。草原生植物は、草刈りをやめるなどの管理を放棄し

植生学メモ

【攪乱】生態系や植生の機能や構造を破壊する作用のことをいう。植生に対する攪乱では、台風による倒木や大雨による斜面の崩壊のような自然現象、樹木の伐採や草刈りなどの人為的なものがある。

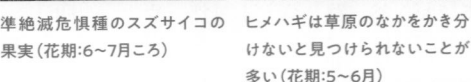

てから1〜2年ぐらいまでは残ることもありますが、5〜6年後にはみられなくなります。ネザサやセイタカアワダチソウが2メートル以上に成長し、クズなどのつる性植物が覆いかぶさると、もともと生育していたチガヤ、ツリガネニンジン、コマツナギ、ヒメヨツバムグラ、ネコハギ、キジムシロ、ウツボグサなどの植物は姿を消してしまいます。光をめぐる競争に負けてしまうためです。1平方メートルあたりの種数は急激に減少して、5〜6年後には5種程度になってしまいます②。

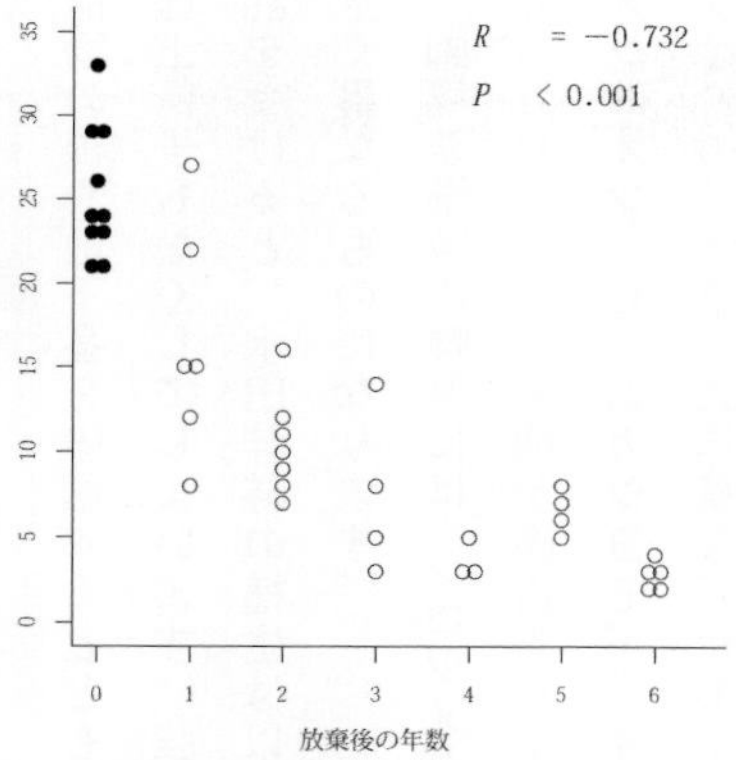

水田畦畔の放棄後の年数と出現種数の関係
1平方メートルあたりの出現種数を示す。●は管理されている水田の、○は放棄された水田の畦畔。放棄後の年数が増加すると、出現種数が減少することがわかる

1年に数回の定期的な草刈りでは、畦畔の植物全体が攪乱を受けます。そのため、競争に強い植物が大きくなる前、つまり勝負が決する前の状態に戻り、ヒメハギ、ニガナ、コナスビなどの小さな植物でも競争に負けることはありません。何度も競争がやり直しされるのです。そのため、これらの水田畦畔に特徴的に生育するような植物が生き残ります。

強すぎる攪乱

とはいえ、草刈りをすればするほど、多様性の高い植生になるわけではありません。草刈りをしすぎると、一部の植物を除いてほとんどの植物は育つことはできません。強すぎる攪乱もまた多様性を減少させます。

実際には、草刈りよりも強力な攪乱があります。いわゆる圃場《ほじょう》整備です。植物の地上部だけにダメージを与える草刈りとは異なり、圃場整備では

植生学メモ
【競争】生物が資源をめぐって争うこと。植物では光資源や水資源をめぐる競争などがある。
【埋土種子】土壌中の種子のことで、通常は1年以上生存しているものをいう。

植物の根や地下茎を破壊するとともに、土壌中の埋土種子もなくしてしまいます。強力な人為的攪乱を受けると、水田畦畔の植生は以前のものとは全く異なるものになります。

圃場整備後の畦畔には、シロツメクサ、メリケンカルカヤなどの外来種が優占するようになり、ヒメジョオン、ヒメムカシヨモギ、オオアレチノギクなどの一年草、二年草などが多く生育するようになります。圃場整備前に多かったツリガネニンジンやアキノタムラソウなどはなくなってしまい、年数が20年程度経過しても戻ってくることはほとんどありません。つまり、強すぎる攪乱も植生の多様性を減少する原因になります①③。

地域や微環境と植生

畦畔は、地域によって植物の多様性や組成が異なります。兵庫県内の調査結果では、1平方メートルあたりの種数は淡路島で約20〜25種、但馬地域では30種程度でした①②③④。種数の違いは気温や雪の影響です。但馬地域は、場所によっては積雪が1メートルを超える多雪地域なので、積雪や春先の雪解け水による保温・保湿効果が冬の土壌の乾燥や低温を防いで、植物が生き残りやすいのではないかと考えています。また、但馬地域には淡路島ではみられないクロバナヒキオコシが生育しています。どのような植物が生育しているかを調べ、種組成を分析すると、地域によって異なるのも興味深い点です④。水田は日本全国にありますが、草原生植物のフロラが異なるため、畦畔の植生も異なることでしょう。

日本海側に生育するクロバナヒキオコシ（花期:8〜9月）

植生学メモ
【組成】出現する種の組み合わせのこと。
【フロラ】植物相ともいう。ある地域に出現する植物の一覧。

同じ地域内の畦畔でも、部分によって生育する植物が異なります。斜面下部の、水田内の水に近くやや湿った部分には、ヤマラッキョウやドクダミなどの湿った環境を好む植物が生育しています。数センチのくぼみには草刈りの影響が及ばないため、窪みのなかに小さなニガナやコナスビが生育することがあります。また、農家の方々の管理方法は、個人や地域で違うことがあります。これらが畦畔植生の多様性をさらに高めています。

伝統的な棚田では草刈りなどの管理が重労働なため、現在はご高齢の農家の方がかろうじて維持している状況です。すでに管理を放棄している棚田をいくつもみました。人の手によって維持されてきた畦畔植生が、手を止めることによって失うことは皮肉なようです。しかし、長い年月をかけて維持されてきた伝統的な棚田とその植生が少しでも存続することを願ってやみません。

やや湿った立地に生育するヤマラッキョウ
（花期:10～11月）

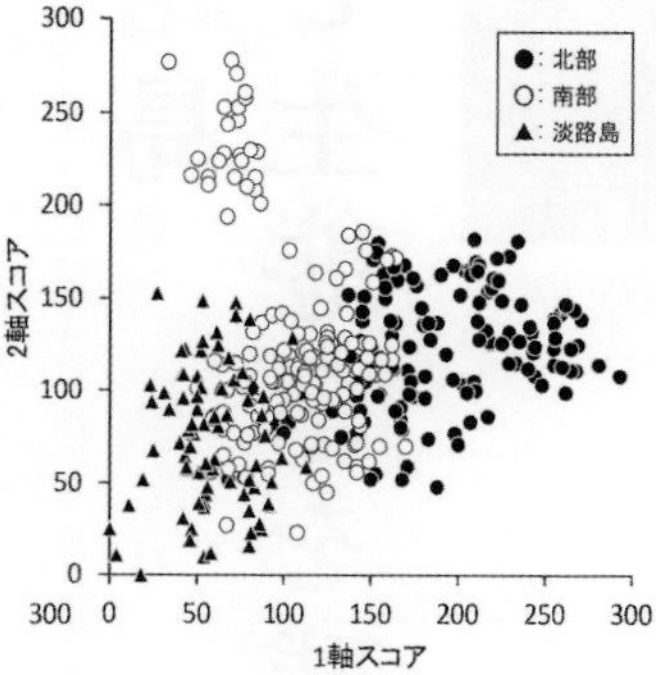

兵庫県内の各地域の水田畦畔の種組成の違い

DCAという分析手法によって組成の違いを2次元で表現したもの。北部（●）は但馬地域。●などの位置が近いほど、種組成が類似していることを示す。

ため池流入部のエコトーン。浅瀬にはコウホネなどの群落が思いもよらない規模で広がっていることがある

ため池の淡路島 文化的景観と生態系を残したい

澤田 佳宏

国土の0・15%にすぎない淡路島に、
日本のため池の10%以上が集中している。
小さなため池が丘陵地や山地に散在する風景は、
島の風土が育んだ文化的景観であり、
水辺の生きものの重要な生息環境でもある。
その風景が変わろうとしている。
人口減少と高齢化、水田の減少、
ため池の統合と廃止。
社会環境が激変する今、
ため池の自然を未来に残すために
知恵を出し合う必要がある。

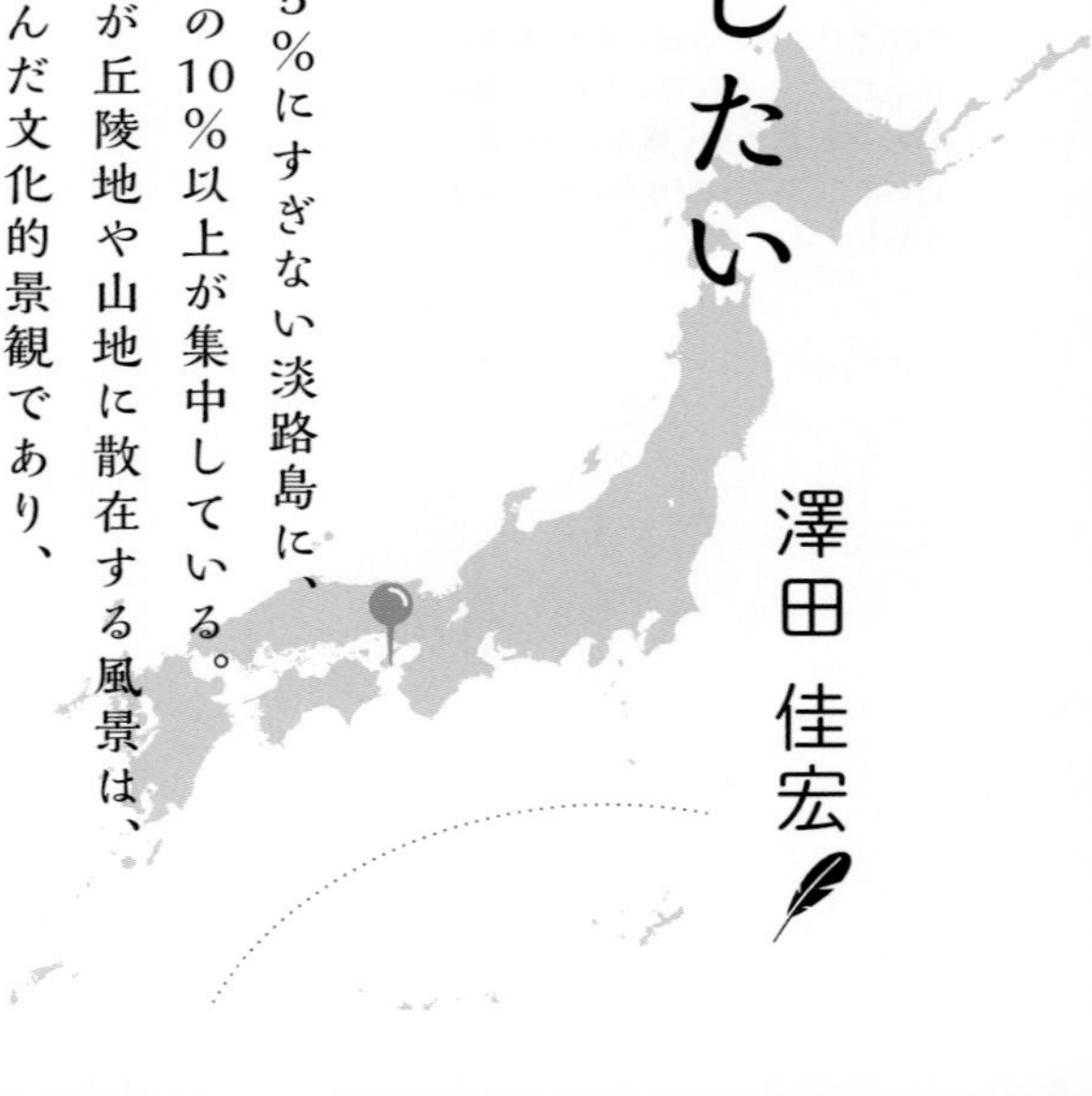

ため池だらけの淡路島

淡路島はため池だらけの島だ。2017年時点の島内のため池の数は約2万3000①。実に、国内のため池の10％以上が淡路島にある。

淡路島にこれほど多くのため池がつくられたのは、大きな河川がなく降水量も少ないため、農業用水を確保するのに不可欠だったからだ。また、島の北部には平野がほとんどないため、大きなため池を造ることができず、谷をせき止めてたくさんの小さな池（谷池《たにいけ》）がつくられてきた。淡路島のため池の大半は、江戸時代か、それ以前につくられたものだという。

丘陵地や山地にたくさんの小さなため池が散在する景観は、淡路島の気候と地形と産業のもとで育まれた地域固有の文化的景観といえる。

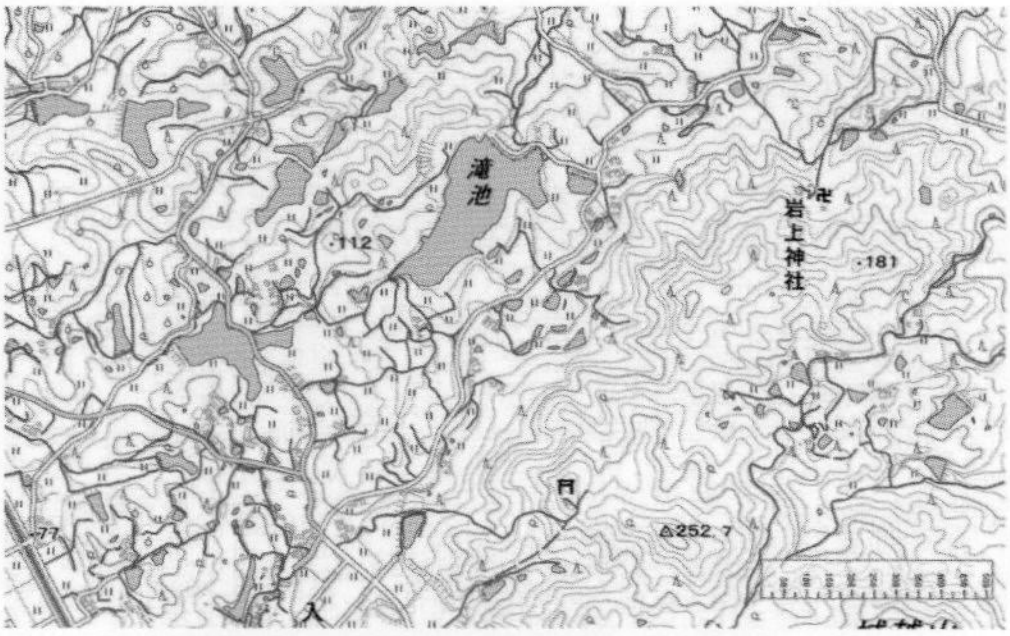

丘陵地や山地にたくさんの小さなため池が散在している。淡路島の文化的景観（出展 国土地理院の電子国土Web標準地図）

小さな池から大きな池まで、農地に囲まれた池から樹林に囲まれた池まで、池の大きさや立地はさまざま

植生学メモ 【谷池】谷をせき止めてつくったため池。平地のくぼみの周囲を堤で囲って造るため池は「皿池」という。

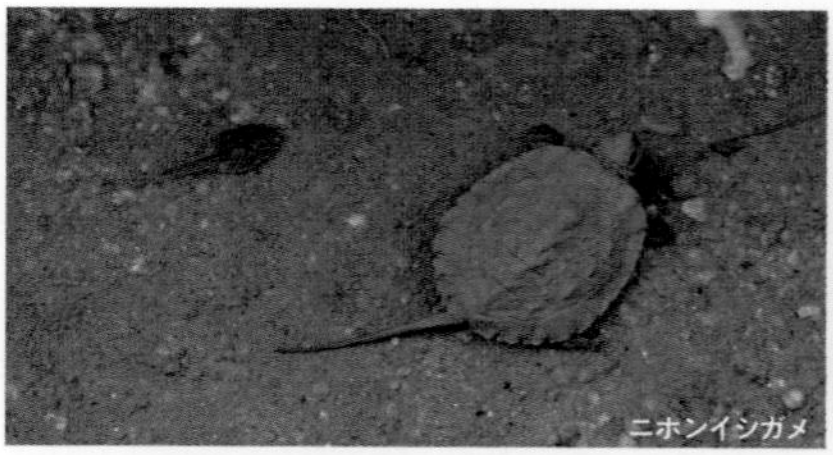

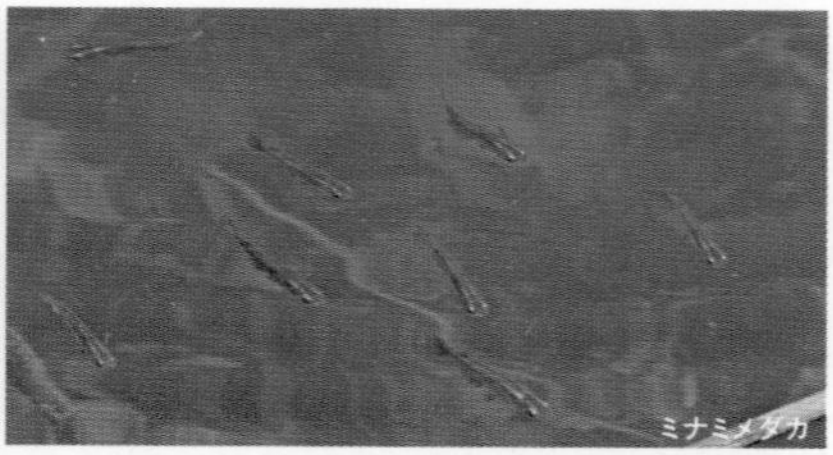

ため池の生物
キイロコガシラミズムシのような体長5 mm前後の小さな水生昆虫には多くの種類があり、水生昆虫図鑑⑤とタモ網を持ってため池めぐりをするとワクワクがとまらない

ため池でくらす生きもの

ため池は、里地里山の生きものにとっては貴重な止水域だ。天然の池沼が開発によってほとんどみられなくなった現在、ため池は止水性の水生生物にとって重要なハビタットとなっている。特に、ため池の上流側（流入側）は、池底の傾斜が堤体側よりも緩やかなので、幅広いエコトーンができ、多様な水生生物がくらしている。

ため池を主な生育の場とする植物には、絶滅危惧種や準絶滅危惧種に選定されたものも多い。例えば、淡路島のため池では、ミズニラモドキ、サンショウモ、コウホネ、ガガブタ、ミズオオバコ、イトトリゲモなどがときどき見つかる。このような絶滅危惧植物や希少植物は、小規模なため池や樹林に接するため池で見つかる傾向がある②③。こうした池は、平地の大規模な池に比べ、護岸整備などによる改変を受けにくく、良好な生息環境が保たれやすいためと考えられている。

植生学メモ
【ハビタット】生物の生息環境のこと。
【止水域】池や湖,沼など,水の動きが小さい水域。川など,動きの多い水域は「流水域」という。

ため池の絶滅危惧植物・準絶滅危惧植物の例

ため池が使われなくなっていく

2010年ごろ、勤務校の実習林（淡路市）で、ノイバラとネザサの優占する開けた一画を見つけた。地形から、その場所は以前はため池だったと思われる。かつては水生生物の宝庫だったかもしれないその場所は、おそらく放棄された後に水がなくなり、ネザサやノイバラの群落へと遷移したのだろう。

水田の耕作放棄の状況は外からみてもすぐにわかるが、ため池が放棄されているかどうかは外観からはわかりにくい。いったいどのくらいの池が放棄されているのだろう。ため池が放棄されたら水草はどうなるのだろう。僕はにわかに放棄ため池のことが気になりだした。そこで、当時研究室に在籍していた田中洋次君とともにこの問題に取り組むこととした③。

まず、淡路市内の中山間、いわゆる山あいの3地域を調査範囲と定め、この範囲の2500分の1都市計画図（1999〜2000年に測量）に示されたため池176個を調査対象池とした。当時、水を供給する田んぼの面積が0・5ヘクタール以下の小さなため池には行政への届け出の必要がなく、また、淡路市のため池の90％以上は、そ

植生学メモ ｜【エコトーン】異なる環境が接している場所にみられる環境の推移帯。

の小さなため池に該当していた。このため、県や市は大半のため池について、利用実態はもちろん、管理者が誰なのかも把握していなかった。そこで田中君はため池の周辺の農家を訪ね、ため池管理者を探すところから調査を始めた。

調査の結果、177個のため池のうち166個の管理者から話をうかがうことができ、その利用または放棄の実態が判明した。166個のため池のうち72個はすでに利用が停止して放棄されており、8個は渇水年にだけ利用する半放棄状態だった。つまり、全体の約48%は放棄または半放棄状態だった。

ため池の面積別に放棄割合をみると、100平方メートル未満の池では88%、100～1000平方メートルでは51%、1000平方メートル以上では14%で、小さな池ほど放棄されやすい傾向があった。また、立地別にみると、池周の40%以上で樹林に接する池は、池周の40%未満で樹林に接する池よりも放棄されやすいことがわかった。これらのことは、絶滅危惧種や希少植物の生育可能性の高いタイプの池ほど、放棄されやすいことを表している。

使われなくなるとどうなるか

ため池が放棄されると、水生植物にはどういう影響があるだろう。当時、行政の農政部局の担当者からは、利用を停止したため池は、防災上の観点から、埋め立てたり堤を切ったりして、水が溜まらないようにするべきと聞いた。しかし、農家への聞き取り調査からは、多くの場合、水を張ったまままため池を放置することがわかった。ため池の利用をやめたとき、農家が埋め立てや水抜きのような処置をする例は非常にまれだった。

放棄時に水を抜かなかったため池29個で水深を測り、放棄後の経過年数との関係を調べてみた。その結果、放棄後の年数が長いほど水深が小さい傾向があった。ため池の水深は徐々に浅くなり、おおむね十数年から数十年をかけてゼロになるらしい。

前述のように、多くのため池は水を張ったまま放棄される。このため、放棄後、ただちに水生植物がいなくなるわけではない。しかし、最終的には水がなくなることによって水生植物は絶えていく③④。ため池の放棄から水がなくなるまでには十年単位のタイムラグがある。このタイムラグは、保全のために与えられた猶予期間ともいえる。

2017年、豪雨災害の多発を受けて、「農業用ため池の管理及び保全に関する法律」が新しく制定された。この法律はため池の決壊による災害を防ぐことを目的としている。この法律により、全ての農業ため池は届け出制となった。放棄ため池は、防災の観点から、順次埋め立てなどにより廃止されるようになってきていて、今後は保全のための猶予期間が大幅に短くなる可能性がある。防災は社会にとって重要かつ必要なことだが、ため池の生物多様性保全も重要な課題だ。現在兵庫県では、防災と生物多様性保全を両立するため、各分野の専門家、ため池管理者、県の農林水産部の職員らが知恵を出し合い、その方向を探っている。

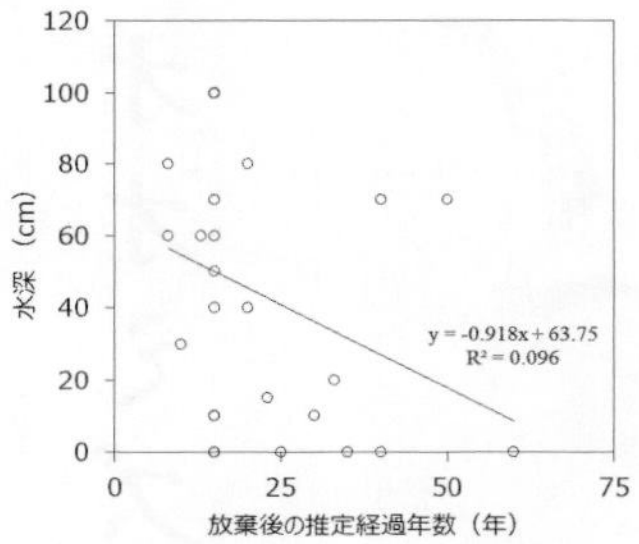

水を抜かずに放棄されたため池29個の放棄後経過年数と水深。放棄から50年後にも水をたたえている池もあったが、全体的には長い時間をかけて水深が小さくなる傾向がうかがえる

ため池に土砂が流入している状況。ため池は、堤体の老朽化に伴う漏水、上流側からの土砂の流入、腐植の堆積などによってゆっくりと浅くなり、水がなくなっていく

兵庫県立あわじ石の寝屋緑地では、敷地内にとりこまれたため池などのOECMの登録を目指している。放棄ため池を低水位で維持するなど、防災と生物多様性保全を両立する方法を検討している

冠島

オオミズナギドリと島の森

前迫 ゆり

「雄島まいり」の漁船は冠島へ。大木のタブノキ、スダジイ、モチノキが骨格をなす照葉樹の森が近づいてくる

海岸にアサギマダラが舞うころ、
照葉樹林の森を目指して
オオミズナギドリが渡ってくる。
森は、生きものたちを、
海の豊かさを育んできた。
年に一度の祭りの日、
漁師たちは大漁旗を掲げ、
漁の安全と収獲を願う。
海島は魚群の目印、
島は時化をやりすごす避難所。
森と海と人をつなぐ海洋文化が、
この島には息づいている。

オオミズナギドリの島

舞鶴湾に浮かぶ冠島には、春になると、数万羽のオオミズナギドリが繁殖のために東南アジアから渡ってきます。

5月、島の海岸にアサギマダラが舞い、丸い石が多い浜にハマヒルガオやハマダイコン、ハマエンドウの花々が咲くころ、オオミズナギドリは、海岸特有の植物群落の後方から山頂まで広がる照葉樹林にコロニーをつくって営巣します①。

照葉樹林は、直径1メートルほどもある大径木のタブノキ、スダジイ、モチノキなどが主体の森林です。オオミズナギドリは、水かきのついた足で森の地面の20〜30センチほど下に、長さ約1メートルの横穴を掘り、巣をつくります。森林調査をしながら巣を踏み抜かないように歩くのはたいへんでしたが、巨木が立ち並び、さまざまな野鳥の中継点であるこの森に、私は心をつかまれました。

日が沈むと、オオミズナギドリは海から戻ってきます。海上では見事に翼を操って魚を捕るかれらは、陸では不器用。けたたましい鳴き声をあ

飛び立ちの下手なオオミズナギドリは、大騒ぎしながら高いところに登り、夜明けとともに海に飛び出して行きます

老人嶋神社と背後の照葉樹林。海岸に面した林縁部にはトベラやエノキが生育し、鳥居をくぐるとタブノキの大径木が山頂まで続いています

植生学メモ | 日本の沿岸では、照葉樹林、草原、岩場にオオミズナギドリのコロニー（繁殖地）があります。日本海側では冠島、太平洋側では御蔵島が最大のコロニーです。

げながら林床を歩き回り、木の上から降ってきたりもします。夕食を食べている私の膝にころげ落ちてきたこともありました。昼間は森林調査をし、夜になると京都大学野生生物研究会や山階鳥類研究所のメンバーの標識調査を手伝いながら、夜明け前に海に飛び立つオオミズナギドリの行動を観察するのは、調査の楽しみの一つでした。

海鳥と森の動き

標高3メートル、つまり海岸近くのタブノキ林は土の中に石が多く、オオミズナギドリは穴が掘れないので、コロニーはほとんどありません。そこは、タブノキと一緒に、マルバグミ、ヤブツバキ、シロダモ、モチノキ、アオキ、キノクニスゲ、テイカカズラ、ムサシアブミなどが生育する、多様性の高い森です[①②]。

ところがコロニーがある森林は、ようすが全く異なります。歩き回る鳥と巣穴掘りが、森に大きな影響を与えていました。林内の平均巣穴密度は100平方メートルあたり45・9±20・4個と高く[①]、森の地面は穴だらけ。雨が降れば土が流されてしまい、植物も定着できません。そのため、植物の種数は少なく、地面が露出している部分も多くありました。モチノキやタブノキなどは、倒れないように根茎を発達させる生存戦略を発揮し、「根上がり」という独特の形になっていました[③]。

また、この地域の極相林であるはずのタブノキ群落が、遷移初期の群落であるアカメガシワ群落に変わっている森もありました（「遷移の後退」といいます）。タブノキの新しい世代を担う実生（芽生え）も見あたりません。さらに、窒素を多く含む鳥の糞の影響で、窒素を好むヨウシュヤマゴボウが繁茂する場合もあります[①④]。

こうした森の変化が、本当にオオミズナギドリの影響なのかを調べるために、鳥が営巣できないよう保護した実験区と保護しない対照区を設定し、2年間継続調査して比較しました。その結果、オ

表　冠島の森林群落とオオミズナギドリの影響との関係(①②より抜粋)

照葉樹林内に20 m×20 mの調査区をつくって、各調査区に出現する高さ1.3 m以上の全樹木の胸高直径を測り、各樹種が占める面積比率(相対優占度)を計算しました。低密度ではタブノキ以外の種が生育していますが、高密度になると出現する種数は減り、タブノキの相対優占度も低くなっています。VIは営巣がなかった調査区で、出現する植物種数が最も多くなっています。最も影響が強い超高密度のVIIIでは、タブノキ群落からアカメガシワ群落へと遷移が後退しています。

巣穴密度	低密度		中密度			高密度		超高密度		
調査区番号	VI	VII－1	II	I	III	VII－3	V	IV	VII－2	VIII
出現樹木種数	10	6	8	5	5	3	4	3	5	3
タブノキ	50.2	91.8	77.9	72.8	31.3	80.5	14.4	35.7	66.8	2.5
スダジイ	36.6	0.5	·	16.6	39.0	·	·	·	·	·
ヤブツバキ	1.4	·	15.5	2.8	6.3	3.0	5.4	40.0	11.1	·
モチノキ	1.8	·	0.03	·	22.6	·	60.9	·	8.4	1.1
アオキ	0.3	·	0.06	·	·	·	·	·	·	·
ヒサカキ	·	0.1	1.1	4.3	0.8	·	·	·	·	·
トベラ	0.6	·	0.7	·	·	·	·	·	·	·
オオバグミ	·	·	0.1	·	·	·	·	·	·	·
ヤブニッケイ	0.4	·	·	·	·	·	·	·	·	·
キヅタ	·	0.1	·	·	·	·	·	·	·	·
ケヤキ	4.8	·	·	·	·	·	·	·	·	·
ハリギリ	0.2	2.4	·	·	·	·	·	·	·	·
ムクノキ	·	·	·	·	·	·	·	·	3.3	·
アカメガシワ	3.7	5.1	4.6	3.5	·	16.5	19.3	24.3	10.4	96.4

オオミズナギドリの影響で、実生の定着が妨げられることが確認できました④⑤⑥⑦。

にもかかわらず、森の構造をみると、タブノキは「小さい個体が多く、大きくなるにつれて個体数が減っていく」という、安定した健全な状態を保っていました。鳥の強い影響の下、なぜタブノキの森は維持されているのでしょう。

「根上がり」になったモチノキ

植生学メモ　遷移の後退(加筆予定)。

森をさらによく観察すると、タブノキの芽生えがたくさん集まった「実生だまり」が見つかりました！　キノクニスゲという草本の株元や倒れた木のまわりなど、土壌が流れにくい場所で、芽生えがしっかり成長していたのです。寿命の長いタブノキには、数十～百数十年に一度のチャンスを活かすしくみがあればよく、照葉樹林は全体としては衰退せずに維持されてきたと考えられます。

海鳥が人と自然をつなぐ

毎年6月1日、舞鶴湾に面した野原、小橋、三浜の三集落の漁師たちが冠島の老人嶋神社に参詣する「雄島まいり」という祭事が行われます。

その日、大漁旗を掲げた船に乗った漁師たちが、太鼓や笛を鳴らしながら冠島に集います。船に手を振る集落の人々の姿から、雄島まいりが地域に根づいているようすが伝わってきます。

島は、海が荒れたときには漁師の避難場所にな

巣穴がたくさん掘られたアカメガシワ林の林床。樹木はタブノキからアカメガシワに置き換わっています。キノクニスゲの株とヨウシュヤマゴボウがコロニーの間に生育しています（上）
オオミズナギドリは、この巣穴にすっぽりもぐって子育てします（左）

直会では地元の食材を使った料理が振る舞われます（右）
祭の日、老人嶋神社には御神酒や魚が供えられます。社殿の狛犬にも、トビウオのお供えが（左）

り、照葉樹林がもたらす栄養分は魚類を育みます。オオミズナギドリも、魚群を知らせる鳥として親しまれてきました。

冠島は、日本海側最大のオオミズナギドリ繁殖地として、１９２４年に国の天然記念物に指定されています。さらに前の１９０２年には、魚つき保安林に指定されています。先人たちは１００年も前から、島の森が海にとって重要な役割を果たすことを知っていたのでしょう。

神事の後、海岸では直会《なおらえ》が行われます。この海でとれたカメノテの味噌汁や魚介類はことのほかおいしく、島の森と海と人のつながりを実感できます。海と陸をつなぐ海鳥、森と海と人をつなぐ海洋文化がこの島に息づいています。人が自然に親しみ、大切につないできた地域に根ざした文化は、自然の豊かさ、すなわち生物多様性を支える重要な要因といえるでしょう。

植生学メモ　窒素が多くなり、外来種で成長の早いヨウシュヤマゴボウが生育する現象は、滋賀県竹生島のカワウ営巣地でもみられます。

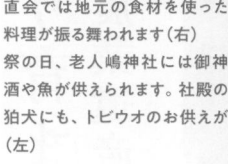

静岡県の茶草場、武蔵野の雑木林

農業により育まれる二次的自然
～日本・世界農業遺産認定地から～

世界農業遺産に認定されている茶の栽培地。茶草場の野草を活用して栽培されている

楠本　良延

静岡県にお茶栽培に利用される草原がある。
今や絶滅危惧種となった秋の七草などを含む
生物多様性の高い、広い草原「茶草場」。
身近な存在であった草原が
日本中から消えゆくなか、
この草原は農業により育まれている。
学生時代、植生調査をしていた武蔵野の雑木林も
農業と人の暮らしと強く結びついていた。
高い生物多様性を維持し続けるこれらの例は
持続可能な生産という目標に
貴重なヒントを与えてくれるだろう。

茶草場の植物たち
（右）オミナエシ
（左）ササユリ
（下）キキョウ

世界農業遺産・茶草場

２００９年９月、私は静岡県掛川市東山地区の茶園周辺にいた。親しい研究者から「静岡の茶生産地には、お茶栽培に利用するユニークな草原があり、さまざまな植物がみられます。一度、本格的な調査に来ませんか？」との打診を受けたことが始まりであった。日本の国土から草原が急速に姿を消していく現在、「茶園の周辺にそのような草原が本当にあるのだろうか？」というのが現場に行くまでの印象だった。しかし、現場に行ってみて驚いた。ススキを中心にオミナエシ、ワレモコウ、キキョウなどの希少種を含む多様性の高い半自然草地（草原）が茶園の周辺に広がっていた！

１８８０年代、草原は国土の30％を保持していた。しかし、現在では1％まで減少し、草原の動植物のなかには絶滅が心配されている種もある。かつて草原は、農耕地に投入する肥料、農耕牛馬の餌、茅葺《かやぶ》き屋根などの建材として農業にかかわる

植生学メモ
【半自然草地】過去には茅場、採草地、放牧地として利用してきた草地のこと。刈り取りなどの人間活動が加わるため、「半自然」とよぶ。畦畔も含まれる。農業生態系において、生物多様性の維持に重要な役割を果たすと考えられている。185ページも参照。

伝統的な茶草場農法（乾かして裁断した草を茶園の畝間に敷く）

「かっぽし」とよばれる茶草の草小積みの風景

人間活動のなかで重要な資源として活用されてきた。１９５０年代中盤以降、燃料源として石油や天然ガスの普及が進むのに合わせて、化学肥料や輸入飼料の利用が進むと、里山由来のこれらの資源を利用する必要がなくなり、身近な草原が消えていった。にもかかわらず静岡県域で草原が残存している理由は「茶草場《ちゃくさば》農法」という伝統的農法が継承されているからだ。

茶栽培が落ち着く10月下旬から茶園周辺の茶草場で草の刈り取りが行われる。刈り取った草は野外で積み上げて乾燥させる。乾燥が終わると裁断して、茶園の畝間に敷き詰める。この手間がかかる農法が、日本有数の美味しいお茶をつくり出す伝統的な「茶草場農法」である。

現在どのくらいの茶草場が残っているのかを東山地区で調べたところ、茶園に対して約70％の面積

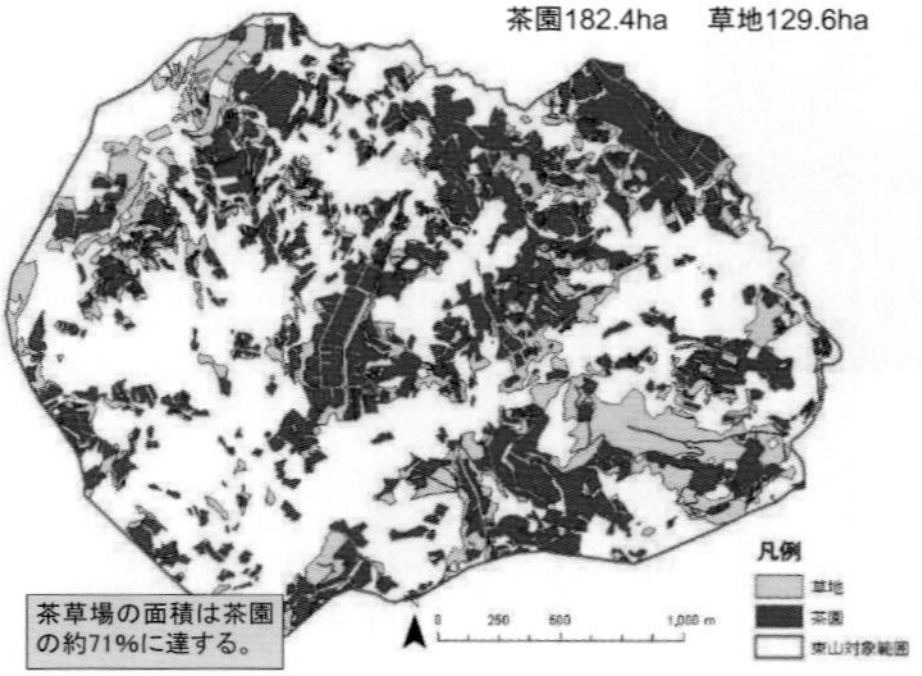

茶草場の現状

植生学メモ｜エネルギー革命ともいえるこの変化は「燃料革命」とよばれている。

に相当する茶草場が存在していた。植生調査や環境計測を行い統計的な手法で解析した結果、生物多様性が高い茶草場は、長年にわたって土地改変が行われていない場所で、毎年の刈り取りが茶草場に生育する在来植物の多様性の維持に重要であることがわかり①、茶生産が生物多様性を育むことが明らかになった。失われていく里地里山の半自然草地が現在の農業のなかで位置づいている貴重な事例だろう。このユニークな研究結果は、2013年5月に、静岡県の茶草場農法を行う地域が「世界農業遺産」に認定されることに大きく貢献した②。

日本農業遺産・武蔵野の雑木林

大学生時代の私は、埼玉県三芳《みよし》町の雑木林で指導教官と一緒に植生を調査していた。私の役割は、指導教官が次々に見つけていく植物を野帳に記載していくことだった。高木のクヌギやコナラからなる林で、林床にも多くの植物が生育し、30メートル四方の面積で120種類以上の植物種が出現したことに驚いていた。そして何よりも雑木林の美しさに心を奪われた。これが国木田独歩の「武蔵野」で賛美されている美しさなのだ、と心から理解した。

現在、日本中の雑木林の多くが手入れをされず荒廃している。かつて身近な雑木林は、人間の暮らしに必要な薪炭や田畑に入れる落ち葉堆肥の供

武蔵野の雑木林
（武蔵野の落ち葉堆肥農法世界農業遺産推進協議会提供）

給源として利用されてきた。薪炭が石油エネルギー、落ち葉堆肥が化学肥料に変わった現在、人の手入れが行き届いている雑木林はそれほど多くはない。それさえ、ほとんどが都市住民の力を借りた、二次的自然保全のためのボランティア活動で維持されている。そんななかでも、武蔵野地域には現在も農業活動により維持されている雑木林が存在する。

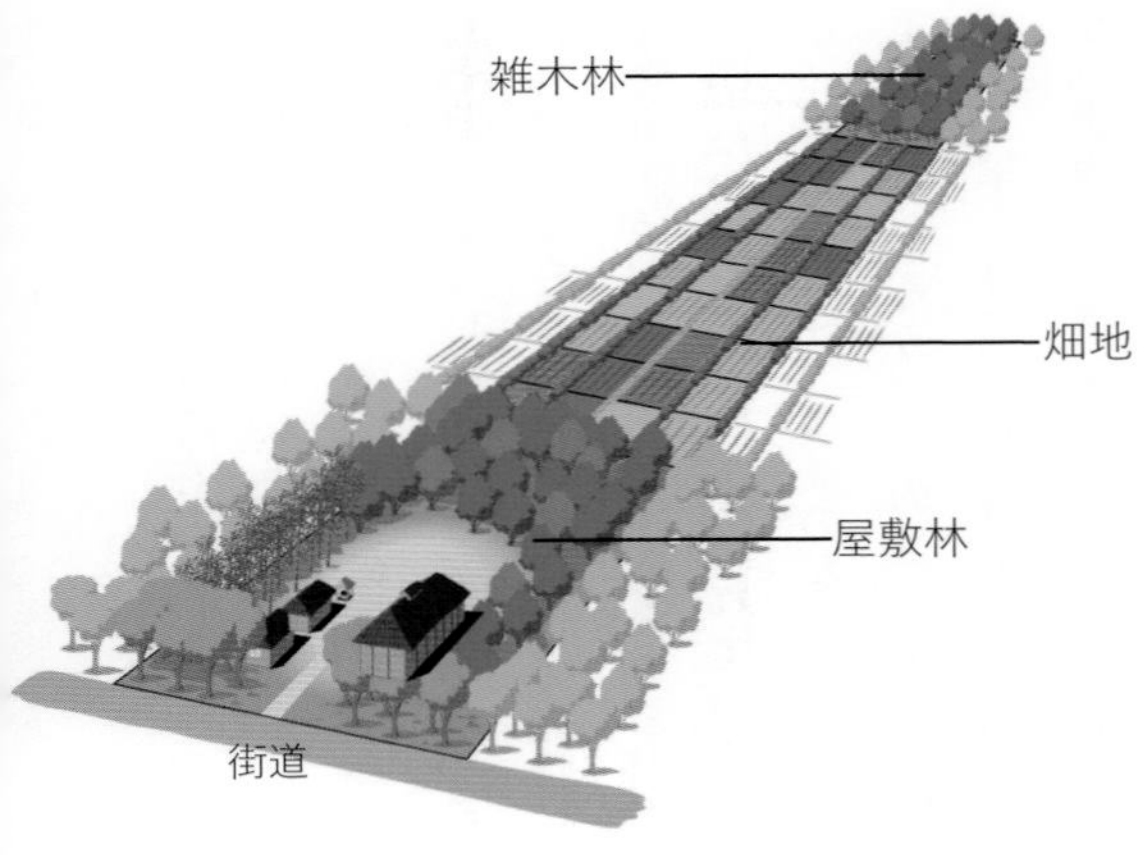

図2　一農家の土地利用配置
（武蔵野の落ち葉堆肥農法世界農業遺産推進協議会提供）

この地域はもともと水資源が乏しく、土壌環境も火山灰由来で栄養分が低く、強い季節風のため乾燥しやすく、肥料を与えた表面の土が飛ばされてしまうという状態で、農業を営むには困難な原野だった。江戸時代の17世紀、人口増加に対応するため、生産性の低い原野を農村計画により開拓し、この地域がつくられた。農業を営みながら人々が安定して暮らせるように、生態系機能をうまく活用しながら、農村開拓が行われたのだ。

土地利用の特徴は、上の図にあるように一農家が一つの短冊状の土地を所有し、街道沿いに屋敷と屋敷林、中央部に畑地、奥に雑木林を計画的に配置した集合集落である。屋敷林は落葉樹のケヤキのなかに照葉樹であるシラカシが混ざる植生で、こうした樹木のおかげで夏は涼しく冬は暖かい。屋敷林はまた、火事や地震から屋敷を守る機能も持つ。中央部には生産の場である畑地が存在し、奥にある雑木林から落ち葉を集め堆肥にして

植生学メモ　【生態系機能】生態系のなかでの生物と環境との相互作用をまとめて、生態系の働きとしてとらえること。

短冊状の一農家が集合した農村ランドスケープ
（武蔵野の落ち葉堆肥農法世界農業遺産推進協議会提供）

堆肥のための落ち葉掻き風景
（武蔵野の落ち葉堆肥農法世界農業遺産推進協議会提供）

畑地に投入する。落ち葉堆肥を介して農業と雑木林が有機的に結合して「武蔵野の落ち葉堆肥農法」が生み出された。

都市近郊でありながら、今なお持続的で高い農業生産性を保持し、豊かな里地里山の景観が保たれている。この地域は、そのユニークで持続的な伝統的農法と農村ランドスケープが評価され、2017年に日本農業遺産に認定された。現在は世界農業遺産への認定を目指している（2022年10月時点）。

農業により維持される二次的自然

静岡の茶草場、武蔵野の雑木林はともに、現在の農業活動で維持されている植生で、いずれも高い生物多様性を有している。この地の植生は、農業と生物多様性が共存している好事例として、将来の持続的な農業を考えるうえで大きな参考になると考えられる。

植生学メモ　【二次的自然】主に農業による人間活動によりつくられ、管理・維持されてきた自然環境。里地里山を構成する水田、ため池、雑木林、草原などがある。

茅を育て、文化を守り伝える草原

長野県の牧の入茅場

刈った茅は、6把（1把はひと抱え分の茅）をひとまとめにして1束（いっそく）と呼ばれる単位にし、これを地面に立てて7～10日間、乾燥させる

屋根に用いる茅を収穫する草地、茅場。
人の暮らしのなかで維持されてきた日本の原風景、
里山を形づくる点景の一つである。
身近にある草木を生活に利用しなくなったことで
里山は荒れ、
役目を終えた茅場もほとんどが姿を消した。
しかし茅は、今もなお
日本の伝統建築に欠かせない資源である。
茅場を絶やすことは、
伝統的な技術と文化の喪失を意味する。
同時にそれは、人の営みとともに熟成されてきた
生態系を失うことでもある。

井田 秀行

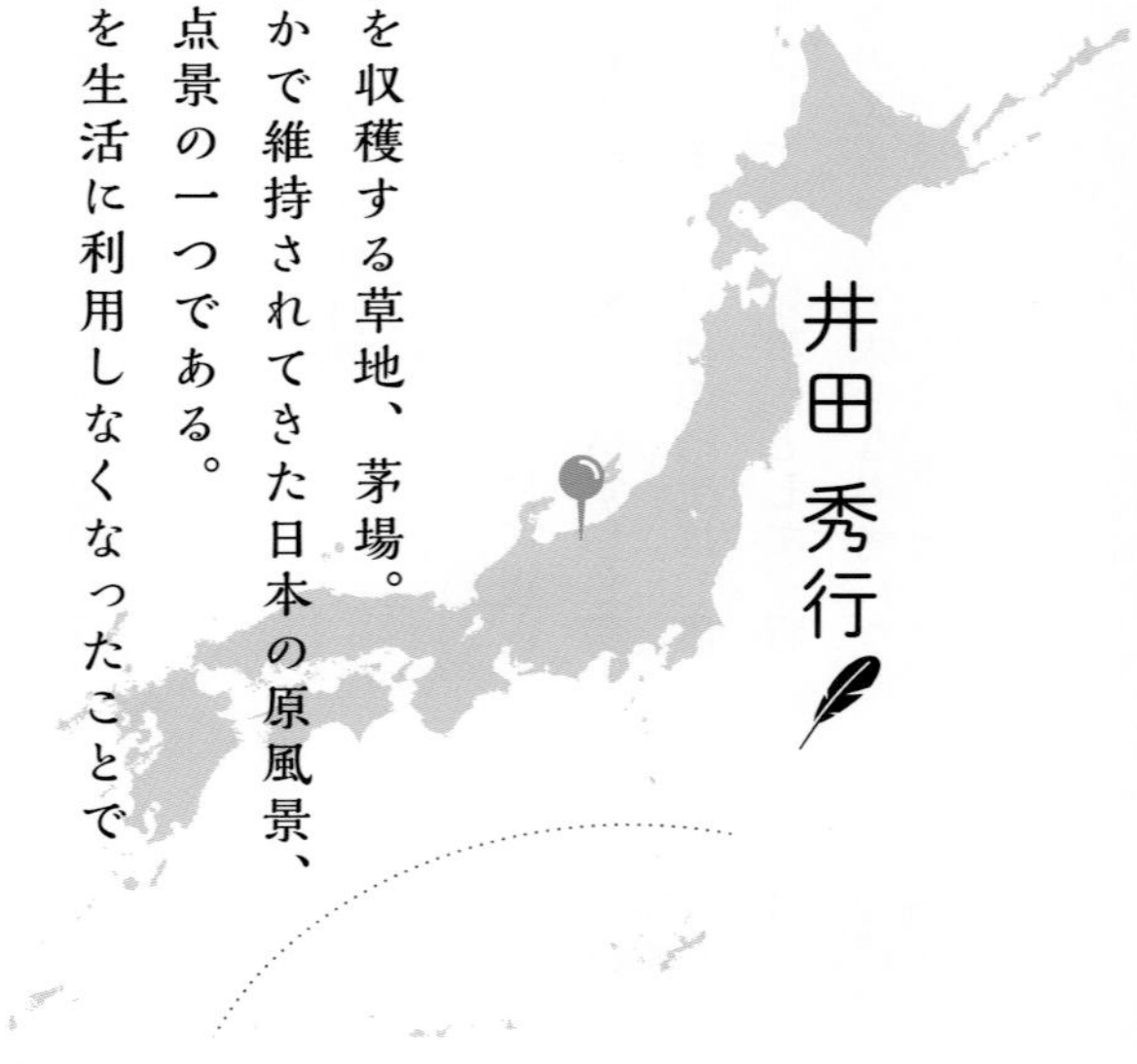

都市郊外で幼いころを過ごした私は、農山村の風景や茅葺《かやぶ》き古民家に憧れを抱いていました。なのに恥ずかしながら、茅葺きの茅がススキなどのイネ科植物であることを結構な年齢になるまで知らなかったし、そもそも茅の種類が何かなどという疑問さえ浮かびませんでした。そんな私の甘い認識を大きく変えたのが、自然と人のかかわりをリアルに伝える生きた現場、牧《まき》の入茅場《いりかやば》です。

一万年の歴史を持つ「茅葺き」

茅（萱）とよばれる植物には、ススキのほか、ヨシ、チガヤ、カリヤスなどさまざまな種類があります。つまり、茅とは茅葺き屋根に使うイネ科植物を総称したよび名であり、茅場とはその茅を刈り取る場所のことです。茅は、屋根材のほか、秣《まぐさ》（農耕用牛馬の飼料）や肥料の原料としても欠かせなかったため、昔は茅場のある風景があたり前でした。例えば、東京の「茅場町」の地名はその名残です。

茅葺きの歴史は古く、復元された縄文遺跡の住居にみるように、ざっと一万年前にさかのぼることができます。しかし、あらゆる生活資源を身近な草木に求めていた時代が終わると、茅葺きのほとんどは消え、茅場もなくなっていきました。それはここ数十年の間に起こったことです。

珍しいカリヤスの茅場

牧の入茅場は、少なくとも江戸時代から伝統的な「野火《のび》つけ」（火入れ）によって維持されている、貴重な半自然草地です。また、カリヤス(イネ科ススキ属）を茅として産出している点も非常に珍しいといえます①。カリヤスは特に良質な茅で、例えば茅葺きで一般に使われるススキが20～30年持つのに対し、カリヤスはその倍の50～60年も持つことから、この地域では昔から重宝されてきました。

植生学メモ｜【半自然草地】半自然草地は二次草地とも呼ばれ、採草、火入れ、放牧などの人為的な干渉によって森林化が食い止められてできた植生。179ページも参照。

緑鮮やかな初夏の茅場

牧の入茅場（約30ヘクタール）は複数の集落で入会地（共有地）として昔から管理されてきた。2014年に一部の区域（約6ヘクタール）が文化庁「ふるさと文化財の森」指定となる（ドローン撮影:友常満利）

良質なカリヤスは、「光沢があり太さ3～4ミリ、長さ2メートル前後、葉は約15センチごとの節々にちょんちょんとついて上部に少しあるくらい。株立ちで根元が多少曲がっていても刈って束ねれば真っ直ぐになるから問題ない」（松澤敬夫氏談）

火入れは集落の住民80名ほどで朝8時から開始する。簡単な打ち合わせの後、各自持ち場に分かれて火が入れられる

およそ30ヘクタールある牧の入茅場は昔からそこを共有する複数の集落によって全域が管理され、江戸時代には集落から遠く離れた松本藩（現松本市）の番所の屋根葺き用に茅を供給するなど、茅の生産が盛んに行われていたようです。戦後、茅場が植林地やスキー場に転用されるなか、陽あたりが良く雪崩が起きやすい牧の入茅場はスキー場に不向きだったことから転用を免れました。今は全国の伝統建築にカリヤスを供給する重要な役割を担っています。

葺いたばかりのカリヤスの茅葺きは黄金色に輝く

火入れは通常5月上旬、茅刈りは秋の土用のころ（10月20日前後から11月10日前後まで）になされます。1棟の茅葺き屋根を全て葺きかえるには、ふつう1～2ヘクタール、つまりサッカーコート2面分ほどの茅場が必要です。茅葺きの屋根がトタンで覆われるようになり、葺きかえ用の茅の需要が減り始めた昭和30年ころまでは、毎年6ヘクタールくらいの茅を刈り、1年に2戸ずつ屋根を葺きかえ、残りを補修に充てていたと聞きます。そして計80戸あった集落全ての屋根は50～60年かけて順繰りに全部葺きかえられていました。このうち現在も残る茅葺きは1戸のみです。先述のように江戸時代には集落外からの需要もあったと考えられることから、それよりもっと昔は茅場全体の茅が刈られていた可能性があります。なお、現在は人手の確保が難しく、刈れる面積は毎年2～3ヘクタールにとどまり、需要を十分に賄えていないとのことです。

茅刈り（刈り手は松澤敬夫氏）

火入れが茅の品質を保つ

「良い茅は手をかけてやらないと育たない。だから火入れは欠かせない」。茅場を70年近く見続けてきた現役の茅葺き職人・松澤敬夫さんの経験に裏打ちされた確かな言葉です。それでいて松澤さんは科学的な裏づけもちゃんと尊重されます。私は、茅場に「防火区」を設け、秋に刈り取ったカリヤスの状態を「火入れ区」と比べてみました。すると、「火入れ区」の方が「防火区」よりも統計的に高密度で乾燥重量も多く、また、稈《かん》（いわゆる茎にあたる部分）はより太く、その断面もゆがみの少ない正円に近い形状で、これらのバラツキも小さくなっていました②。ススキに比べて細く上品な感じのするカリヤスですが、火入れ後に成長した茅の状態は、「隙間なく結束すれば、雨風は入り込めず強度も断熱性も増し、見た目も美しく仕上がる」という、松澤さんの言葉を裏づけるものでした。

豊かだと困る茅場の生物多様性

半自然草地といえば、多様な植物の生育地として知られています。しかし良質な茅を産出する茅場では必ずしもそうとは限りません。例えば、「秋の七草」の一つであるハギ（ヤマハギ）は茅刈りの際に邪魔となります。また、ハギは土壌に栄養を与える（大気中の窒素を地中に取り込む）ため、必要以上に茅を成長させるだけでなく、それにより茅が腐りやすくもなるそうです。これは、茅の窒素含有量が多いと菌やコケ類が繁殖しやすいことによるものと考えられます③。そのため以前は火入れ前にハギを根ごと掘り出して取り除く「萩退治」がなされていました。また、今は多く生えているススキも、当時は侵入したら年に3回刈って絶やすよう徹底されていたと聞きます。同じく「秋の七草」のオミナエシもよく見かけますが④、

カリヤスに混じって生えるヤマハギ（赤紫色の花）とオミナエシ（黄色の花）。これらはどちらかといえば邪魔者

茅場（カリヤス群落）中のカリヤス以外の出現植物種と出現頻度

1地点の調査面積は0.25メートル×1メートルで、計15地点において2022年6月13日、7月26日、9月2日に確認した（天野・井田　未発表データ）

種名	出現頻度（全15地点）
ケイタドリ	9
ミツバツチグリ	7
チゴユリ	6
ニガナ（またはハナニガナ）	6
ツリガネニンジン	5
ヨツバヒヨドリ	5
ヤマハギ	5
フジ	4
ワラビ	3
オカトラノオ	3
アキノキリンソウ	2
カラマツソウ	2
オオイタドリ	1
トリアシショウマ	1
クロバナヒキオコシ	1
ナルコユリ	1

以前はこうした盆花《ぼんばな》は家の周りにもあったので茅場までわざわざ取りに行くことはなかったそうです。このように、良質な茅の生産を維持するためには、今にいう生物多様性はあまり歓迎されるものではなかったのかもしれません。

茅葺きの未来

縄文時代から受け継がれてきた茅葺きの命は、そう簡単になくなるものではないと私は思っています。松澤敬夫さんの技術はご子息の朋典さんに確実に受け継がれ⑤、また20代、30代の若い職人さんという心強い存在もあります。茅刈り・茅葺きを体験するワークショップなどの取り組みも各地で行われるようになってきました。そして2020年、「茅葺」や「茅採取」の伝統技術がユネスコ無形文化遺産に登録されたことには、大いに勇気づけられます。

建築資材としてみると、火を入れ、刈り続けることで毎年品質が保たれる茅の持続可能性に勝るものはおそらくないでしょう。しかも茅葺きは、刈る、束ねる、切る、葺くといった手作業のみで行われ化学的な加工は一切なく、環境への負荷もほとんどありません。何十年かを経て屋根としての役目を終えた古い茅も肥料として無駄なく使え、最終的には土に還ります。茅葺き文化を継承していくためには、茅場を維持・再生するとともに持続可能な資源としての茅の価値を見直し、用途を広め、普及を図ることも重要です。

このような、自然とともにあった生活文化の価値に目を向けていきたいと私は思います。

茅の葺きかえ作業のうち古い茅をはがす「屋こぼし」では、まだ使える茅と傷んだ茅を選別する

解説編

ここまで紹介してきたように、
日本では
さまざまな植物群落を見ることができます。
これほど多様な植物群落が存在するのは
なぜでしょうか。
それを知るためには、
植物を取り巻く環境や地球の歴史、
他の生きものとの関係に
目を向ける必要があります。
注目点をまとめてみましょう。

日本の植生分布

吉川 正人

気候と植生帯

ある土地に成立する植生を決める要因として最も重要なのは、気候、特に気温と降水量です。植物は光合成によって有機物を生産することで生きていますが、そのためには原料となる水と、体内で光合成にかかわる酵素をはたらかせるための一定の温度が必要だからです。必要な水分量や温度は植物の種によって異なるので、降水量や気温が異なれば、それに対応して生育する植物の集団、すなわち植生も変化することになります。このような気候と対応した植生分布のことを「植生帯」といいます。

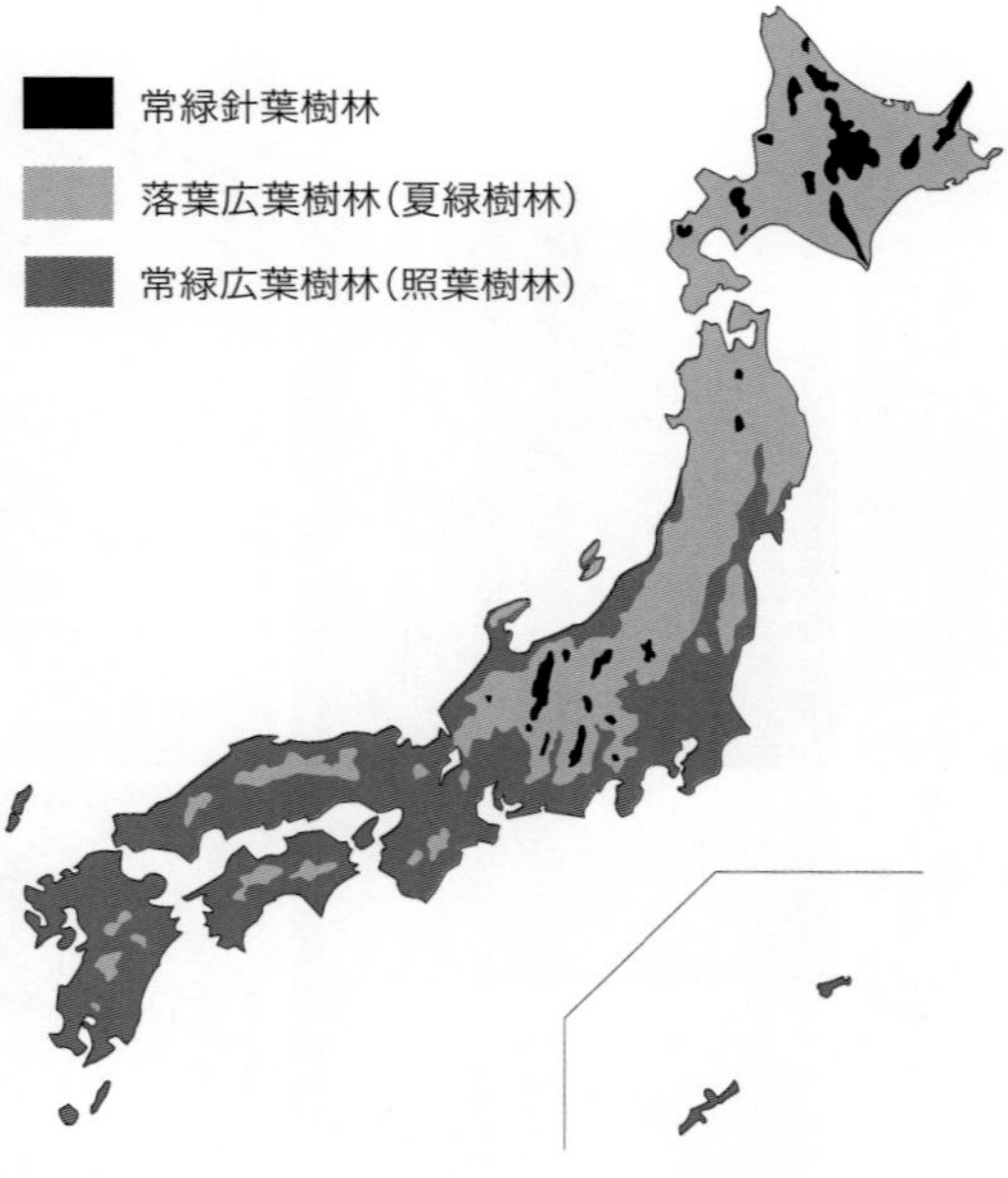

日本の植生帯区分

国土が南北に長く、亜熱帯から亜寒帯にまたがる日本列島では、南から北に常緑広葉樹林、落葉広葉樹林、常緑針葉樹林の順に植生帯が移り変わります。世界的にみれば降水量が少ない地域では、森林が発達せず草原や砂漠になる場所も多いのですが、日本では全国どこでも十分な降水量がある（最も少ない北海道のオホーツク海沿岸でも年700ミリ程度）ため、高山や海岸を除いてはどの地域でも森林が発達することができます。これが日本が「森の国」といわれる所以《ゆえん》です。日本では、降水量は植生帯の分布を決める最も重要な要因にはなっておらず、緯度と標高による気温の違いが植生帯の境界を決めているといえます。

日本の森林植生帯

常緑広葉樹林は南西諸島から西日本の低地を中心に、海岸沿いに東北地方南部まで分布します（p.20, 76, 100, 118, 142, 148, 166, 172, 184）。日本から東南アジアにかけてみられる常緑広葉樹林は、葉の表面を覆う蝋《ろう》状の物質（クチクラ）に光沢があるので、特に「照葉樹林」ともよばれています。スダジイ、アカガシ、ウラジロガシなどのブナ科樹種のほか、タブノキやイスノキなどの常緑樹が優占種となります。南西諸島の低地では、アコウなどクワ科の樹種も加わってきます。後述の落葉広葉樹林と比べると、低木層から亜高木層を構成する木本の種数が多く、草本層ではシダ植物の種数が多くなるのが特徴です。南西諸島では非常に構成種が豊かですが、分布の北限に近づくにつれて減少し、東北地方ではタブノキ、シロダモ、ヤブツバキなど数種の常緑樹からなるごく単純な森林になります。

落葉広葉樹林は九州の山地から北海道の低地にかけて分布します（p.34, 64, 112, 154）。熱帯地方の雨季にだけ葉をつける雨緑《うりょく》樹林に対して、夏に葉をつけるので夏緑《かりょく》樹林というよび方もあります。日本の落葉広葉樹林で最も勢力が強い樹種はブナです。特に日本海側の多雪な地域では、ブナの純林（ほぼブナだけの森林）に近い林が多くみられます。太平洋側ではブナの一人勝ちにはならず、ミズナラ、イヌブナ、ケヤキ、カエデ属などが混生することが多くなります。ブナの分布は北海道の黒松内低地帯付近で途切れ、それより北ではミズナラ、イタヤカエデ、シナノキなどの落葉樹に針葉樹のトドマツが混じる混交林がみられます。ブナが優勢な地域でも地形による変化があり、湿潤な谷沿いではサワグルミやトチノキが優占する渓谷林とよばれる林、乾燥気味の尾根沿いではゴヨウマツやクロベの常緑針葉樹林となるなど、多様なタイプの森林がみられる植生帯です。

常緑針葉樹林は、本州の亜高山帯から北海道の山地帯にかけて分布し、四国にもわずかにみられます(p.40, 46, 136, 178)。マツ科の針葉樹が優占する森林で、本州ではシラビソ、オオシラビソ、コメツガ、北海道ではエゾマツ、トドマツが優占種となります。本州以南では亜高山帯以上に現れるので、亜高山針葉樹林とよばれることも多い森林です。火山性の立地や雪崩斜面など針葉樹が生育しにくい場所では、落葉広葉樹のダケカンバが優勢になることもあります。

これらの植生帯の境界を示すためによく使われる温度指標に、吉良竜夫が考案した温量指数[①]があります。温かさの指数（warmth index: WI）は、植物の生育期間を月平均気温が5℃を上回る月とし、5℃を上回る月について平均気温から5℃を差し引いた値を積算したものです。一方、寒さの指数（coldness index: CI）は、平均気温が5℃未満である月について、平均気温から5℃を差し引いた値を積算したもので、負の値になります。

温量指数を用いると、照葉樹林帯と夏緑樹林帯の境界はＷＩ＝85、夏緑樹林帯と針葉樹林帯の境界はＷＩ＝45の等値線とおおむね一致します。ただし、本州の内陸部ではＷＩが85以上でも照葉樹林とならず、夏緑樹林と

$$\mathrm{WI}=\sum^{n}(t-5)$$ t：月平均気温、n：$t>5$℃である月の数

$$\mathrm{CI}=\sum^{n}(t-5)$$ t：月平均気温、n：$t<5$℃である月の数

なる領域があります。これは、照葉樹林の分布が通年の温かさよりも冬の寒さによって制限されているためで、おおむねCI＝-10が照葉樹林の北限となっています。

表1.温量指数と植生帯の関係

気候帯	垂直分布帯 [*1]	WI	CI	植生帯	本書で紹介した植生 [*2]
寒帯	高山帯	0～15		低小草原	
亜寒帯	亜高山帯	15～45	< -10	常緑針葉樹林	40, 46, 136,178
冷温帯	山地帯	45～85		落葉広葉樹林（夏緑樹林）	34, 64, 112
暖温帯	低地帯	85～180			154
			> -10	常緑広葉樹林（照葉樹林）	20, 100, 118, 142, 148, 172, 184
亜熱帯		180～240			76, 166

*1 垂直分布帯は本州中部の場合.
*2 数字は掲載ページ.

世界のなかの日本の植生

これまで述べた植生帯の分布をアジアの周辺地域も含めた視野でみると、日本の植生の位置づけをより深く理解することができます。

照葉樹林は中国の長江以南や台湾にも分布し、東南アジアの山地にも類似したものが知られています。したがって、日本の照葉樹林は、これら東アジア亜熱帯域の森林が、南西諸島を通って本州まで北上しているものと捉えることができます。同じ緯度で比較すると、中国や朝鮮半島では照葉樹林は日本ほど北上していません。先述のように照葉樹林の分布は冬の寒さによって制限されるので、黒潮の影響で大陸に比べると冬が温暖であることが、日本列島に沿った照葉樹林の北上を可能にしていると考えられます。

日本の夏緑樹林と類似した森林は、ヨーロッパ中西部や北米東部にもみられ、北半球の温暖湿潤域に共通の森林植生であるといえます。アジアでほかに、中国の長江以北から朝鮮半島やロシア沿海州南部にかけて夏緑樹林がみられます。しかし、大陸と日本では優占種に違いがあり、大陸側ではコナラ属の樹種が優占種になるのに対し、日本ではブナが優勢なのが大きな特徴です。冬の乾燥が厳しい大陸に対して、日本の多雪環境がブナに有利なためと考えられています。ブナを欠く北海道の針広混交林は、北東アジア大陸部の森林と類似した姿を持っています。

常緑針葉樹林は北半球を取り巻くように分布している北方針葉樹林（タイガ）との関連が強い森林です。日本の針葉樹林の優占種は、種こそシベリアとは異なりますが、属レベルでは同一です（モミ属、トウヒ属、カラマツ属）。構成種にも周北極要素とよばれる北半球に広く分布する植物や、北米との共通種を多く含んでいます。このことから、気候が寒冷な時期に日本列島に広がった亜寒帯の森林植生に由来していると考えられます。

こうしてみると日本列島では、夏緑樹林を中核として、南方から北上した亜熱帯性の照葉樹林と、北方から南下した亜寒帯性の針葉樹林がかみ合わさることで、水平的・垂直的な森林植生帯が形成されているとみることができます。日本列島は種子植物だけで５０００種以上という多様な植物相を持っていますが、この植物相の豊かさは、東アジアの植生帯が凝縮された植生分布とも関係しているといえるでしょう。

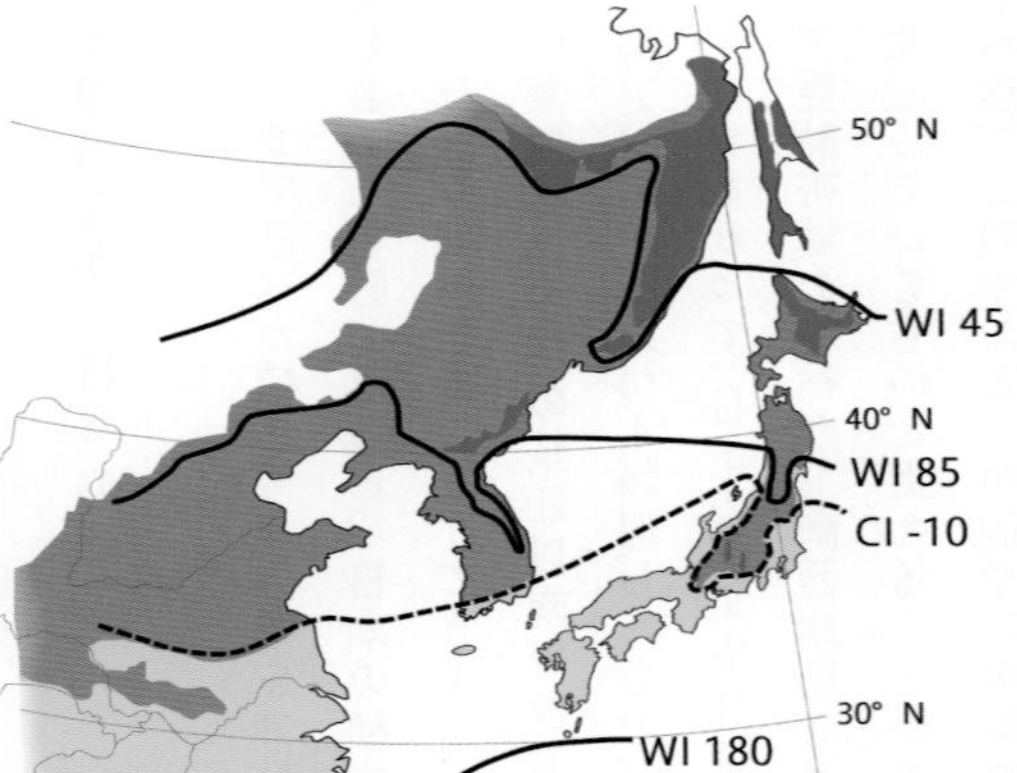

日本と周辺地域の森林植生帯。空白の部分は草原や疎林。
②、③を簡略化して作成

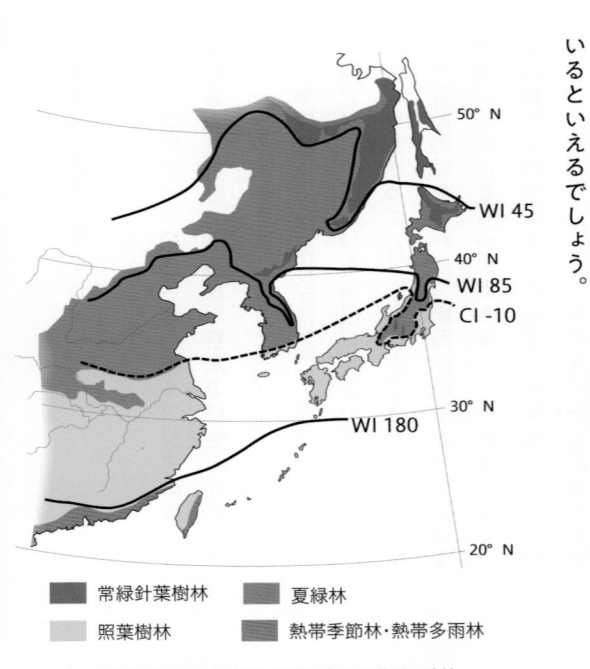

自然植生と代償植生

これまでみてきた森林植生帯は、残存する自然植生の分布から推定したもので、実際に残っているのは国土の20％未満にすぎません。現在、私たちが身近に目にしている植生の多くは、繰り返し伐採されるなどの人為的な影響を受けて自然植生と置きかわった代償植生です。特に照葉樹林の分布域は、人の居住地や農耕地としての適地と重なるため、現存する自然林はごくわずかです。

代償植生としての森林は、自然林に対して二次林とよばれます。二次林には、薪や炭を生産するための薪炭林や、肥料とする落葉を採取するための農用林など、一般には里山の雑木林とよばれるものも含まれます。照葉樹林帯ではシイ・カシ類の萌芽林やアカマツ林、夏緑樹林帯ではコナラ林やミズナラ林が代表的な二次林です。

こうした二次林は本来の自然植生とは異なりますが、必ずしも保全上の価値が低いわけではありません。長い間規則的な管理が行われたことにより、自然植生とは異なる独自の種組成を持っていることが多く、自然植生とともに日本の生物多様性を支える重要な役割を果たしています。

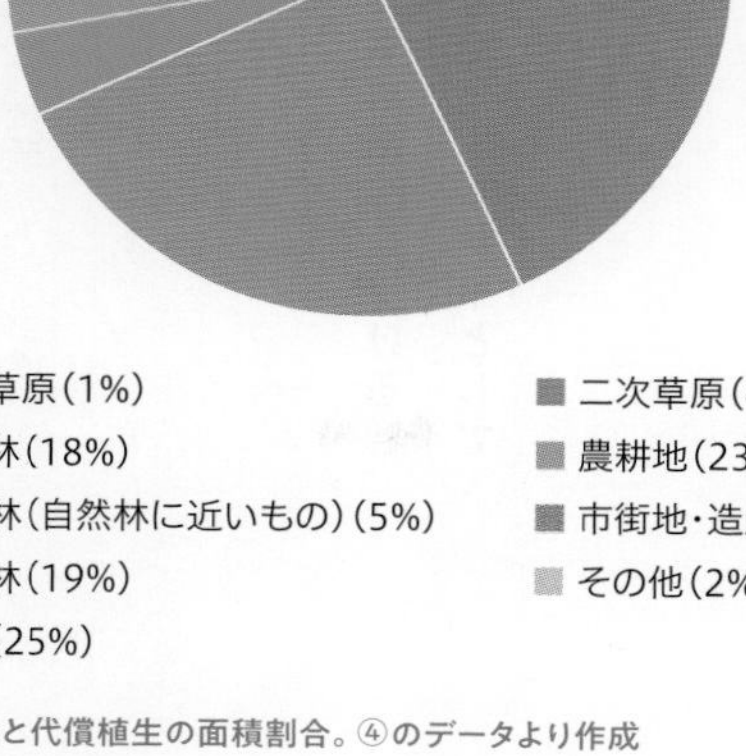

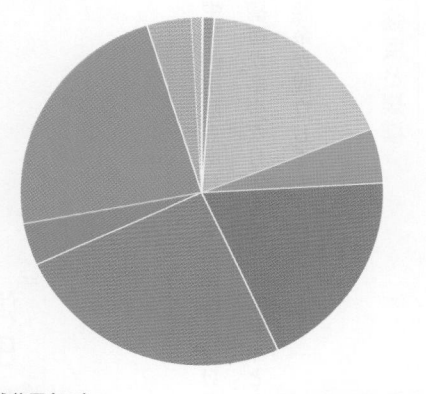

自然植生と代償植生の面積割合。④のデータより作成

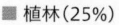

二次的生態系と撹乱

津田 智

日本では原生的な植生は限られていて、たいていは生態的な撹乱の後に成立した二次的生態系です。二次林とか里山とよばれるような森林群落も、半自然草原とよばれる草本群落も、広く解釈すればスギやヒノキの造林地、田んぼや畑などの農地も二次的生態系に含めてよいでしょう。

一般に「かき乱すこと」や「混乱が起きるようにすること」を撹乱とよぶわけですが、生態学の分野では生態系の構造（種組成）や機能に影響を及ぼすような破壊的な出来事のことを撹乱とよんでいます。具体的には地震、津波、山火事、台風、洪水、土石流などの物理的な撹乱だけでなく、大気汚染などの化学的撹乱、昆虫の大発生や家畜放牧などの生物的撹乱もあります。撹乱を受けると、生態系の構造が多少なりとも変化する結果として、二次的生態系が成立します。

撹乱の強度と規模

撹乱は生物や生態系（植生）に大きな影響を与えるため、その規模や強度は、撹乱後の一次遷移か・二次遷移かの問題や、遷移の進行速度にも大きくかかわります。また撹乱はヒトにとっては災害となることが多く、日本では生態系の撹乱というよりは災害としての注目度の方が大きくなっています。日本は人口の割に平野部が少なく、常に攪乱（災害）に直面しているといえるかも知れません。その規模（面積）や強度はさまざまで、地域や時代によっても変化しています。例えば地震による斜面崩壊（崖崩れなど）や断層の隆起やズレなどは限られた場所にしか発生しないので比較的小面積で、規模は小さいといえます。しかし、地震による津波では、東北大震災のときのように、大面積に及び、大規模になることもあります。このような地震にともなう物理的な攪乱では、立地環境（土地）そのものが変化または消失するので、生物や生態系への影響は大きく、強度は高いことになります。

一方、山火事の場合は立地環境の破壊は小さく、植物の地下部や埋土種子などが生き残ることが多いため、数年ないし数十年程度の比較的短時間で森林群落が再生されます。つまり、強度としてはあまり高くないといえます。山火事の原因はさまざまですが、日本では落雷などによる自然発火の山火事が発生しないので、全て人為的な失火や放火によるものです。規模もさまざまで最近は1000ヘクタールを超すほどの大きな山火事は日本では発生していませんが、現在でも数100ヘクタールの規模の山火事は時々発生し、1年間に平均1000ヘクタールほどの林野が焼失しています。カリフォルニアなどでは、近年でも10万ヘクタール（1000平方キロメートル）を超すような大規模な山火事が発生しています。めったに発生しない地震による大規模な攪乱や、伐採・草刈り・放牧など、人の手による攪乱を除けば山火事が比較的規模の大きな攪乱の代表的なものということになります。

攪乱跡地の植生や遷移の研究では、攪乱を受けた年代の特定が重要になります。日本では大規模な山火事や台風などなら発生時期の確定は容易で、攪乱の頻度もわかりやすいのですが、小規模の攪乱は発生時期や頻度の確定が難しくなります。

山火事の跡地は、発生してから10年も放置されれば遷移が進んでまた森林に戻ります。発達した森林になればなるほど、二次林成立の原因が山火事だったことがわかりにくくなっていきます。とはいえ、注意深くみれば火事の痕跡が残ることがあって、例えば焼けて炭化した材が地面にたまっていたり、生き残った木に焼け焦げの跡が残っていたりするのを発見できます。

山火事の跡が残る森

古い時代の撹乱の後に成立した二次林から、過去の撹乱時のようすをうかがい知れる事例として、山火事跡地に成立した森林群落の小清水町民の森があります。北海道東部の小清水町には、古い時代に広規格でつくられた国設の防風林がありました。そのうちの13ヘクタールを小清水町が国から買い上げ、現在は「小清水町民の森」として散策の場に利用されています。

この森は、１９１１年５月に発生した山火事の跡地に成立した古い二次林、いわゆる「火事跡再生林」とよばれる森林群落で、ミズナラ、シラカンバ、エゾイタヤ、ハリギリ、エゾヤマザクラなどの落葉広葉樹の優占度が高くなっています。林冠を構成する樹木の大半は直径50センチよりも小さく、山火事後のおよそ１００年間に侵入・定着したものと考えられます。これらの樹冠構成種のなかに、ときどき直径が80～１００センチのミズナラの大径木が含まれています。これらの大径木のうち、２００５年ころに枯死した1本のミズナ

小清水町民の森の景観。胸高直径50cm以下の樹木が多いが、ところどころに直径80cmを超す巨大なミズナラが生育している。林床ではフッキソウやトクサの優占度が高くなる場所があるものの、写真でもわかるとおりほとんどはクマイザサが優占している

ラを伐採して年輪を数えました。すると、300年以上の樹齢が確認され、この木は火事以前から生育していて、1911年の火事でも焼け死なずに生き残った木であることがわかりました。

また、大径木のなかには「ファイアースカー」という文字通り火傷の痕跡が残っているものがあります。日本ではファイアースカーのある木が生き残るケースはまれです。おそらく湿潤な気候のため傷の不朽が進んで枯死してしまうのでしょう。しかし、13ヘクタールの小清水町民の森には、現在確認できているだけで10本（枯死木1本を含む）のファイアースカー残存木があります。

ファイアースカーは森林が山火事で焼失するときに立木の風下側だけが焼ける片面燃焼の現象によってできるので、ファイアースカーの残っている方向を調べると、焼失時の風向が推定できます。10個のファイアースカーのうち7個が樹幹の北西、北、北東側に残されていたため、山火事は南寄りの風によって燃え広がっていったことがわかります。古い記録によっても南から燃え広がった山火事がオホーツク海まで到達したことが記されています。

ファイアースカーの残るミズナラ大径木。山火事以前からこの場所で生育していたとみられ、火事で火傷を負ったものの焼死すること無く現在まで生き残った

現在は立派な落葉広葉樹林にまで発達していますが、丹念に証拠を集めていけば100年以上も昔の山火事跡地であったことが確認できます。1911年には国有林に限っても北海道全域で28万7000ヘクタールの森林が焼けたことがわかっています。東京大学富良野演習林のウダイカンバ林もその一つです。

日本の植生の過去、現在、未来

松井 哲哉

旅行や出張で遠くまで出かけたときに、車窓の景色に違和感を持ったことはないでしょうか？それはひょっとすると、森のようすが普段見慣れている森とは違うからかもしれません。日本の自然林には常緑広葉樹林、落葉広葉樹林、針葉樹林などさまざまなタイプがあります。どのようなタイプの森が成立するかについては、その土地の気候条件（気温、降水量、積雪深など）が深くかかわっているのです。

場所が変われば森は変わる

日本列島は南北に長いため、気候は亜熱帯から亜寒帯に至っており、それぞれの気候帯で生える植物は異なっています。そのうえモンスーン気候の影響で冬期の日本海側地域には多量の降雪があり、少雪の太平洋側との違いが際立っています。日本列島の広域な植生分布は気温、降水、積雪によって決まり、これに地質、地形、土壌などの条件が重なってより地域的な分布が決まります。さらには森林伐採や開発などの人間活動が影響しています。そのため地域ごとに多様な植生タイプが成立しているのです。このように多様な日本の植生はどのように成立したのでしょうか。

氷期の気候と植生

地球はその長い歴史のなかで寒冷な氷期と温暖な間氷期を繰り返してきました。我々が生きている現代は間氷期にあたります。現在の間氷期が始まったのは1万年ほど前です。それ以前の数万年間は氷期でした。この氷期は最終氷期とよばれており、考古学的には旧石器時代と重なります。このうち、過去2万6500年前から1万9000年前までは最も寒冷な時期で、最終氷期最寒冷期（LGM期）とよばれます。このころの日本列島は寒冷かつ乾燥しており、日本海側の地域においても少雪だったと推定されています。

この時期、北海道から東北地方では落葉針葉樹であるカラマツ属（カラマツ、グイマツ）やトウヒ属などの亜寒帯性針葉樹林が広がっていたと考えられます。東日本を中心に広く分布するコナラ、ミズナラ、クリ、ブナなどの落葉広葉樹林は、LGM期には関東地方以西の沿岸域を中心に分布していたものの勢力は弱く、温帯性のトウヒ属やモミ属などと混交林を形成していました。さらに西日本で広くみられるシイ・カシ類に代表される常緑広葉樹林は、九州南部などの狭い地域に残存していたと推定されます①。

日本列島はこの時代にも氷河や氷床に覆われることはなかったようです。また山岳が多く地形が複雑であることは、生物が寒さから逃避するのに役立ちました。山脈の多くが南北に走っているため、生物は南北間の移動が自由にできました。その結果、日本列島の植生は南北の要素が入り混じり多様性が形成されたと考えられます。

氷期後の植生変化

最終氷期が約1万1千年前に終わり間氷期になると、海水面は上昇し、冬期の降雪量が増加しました。カラマツ属の森林は衰退し、かわって本州日本海側の多雪山地ではブナ林が広がり、太平洋

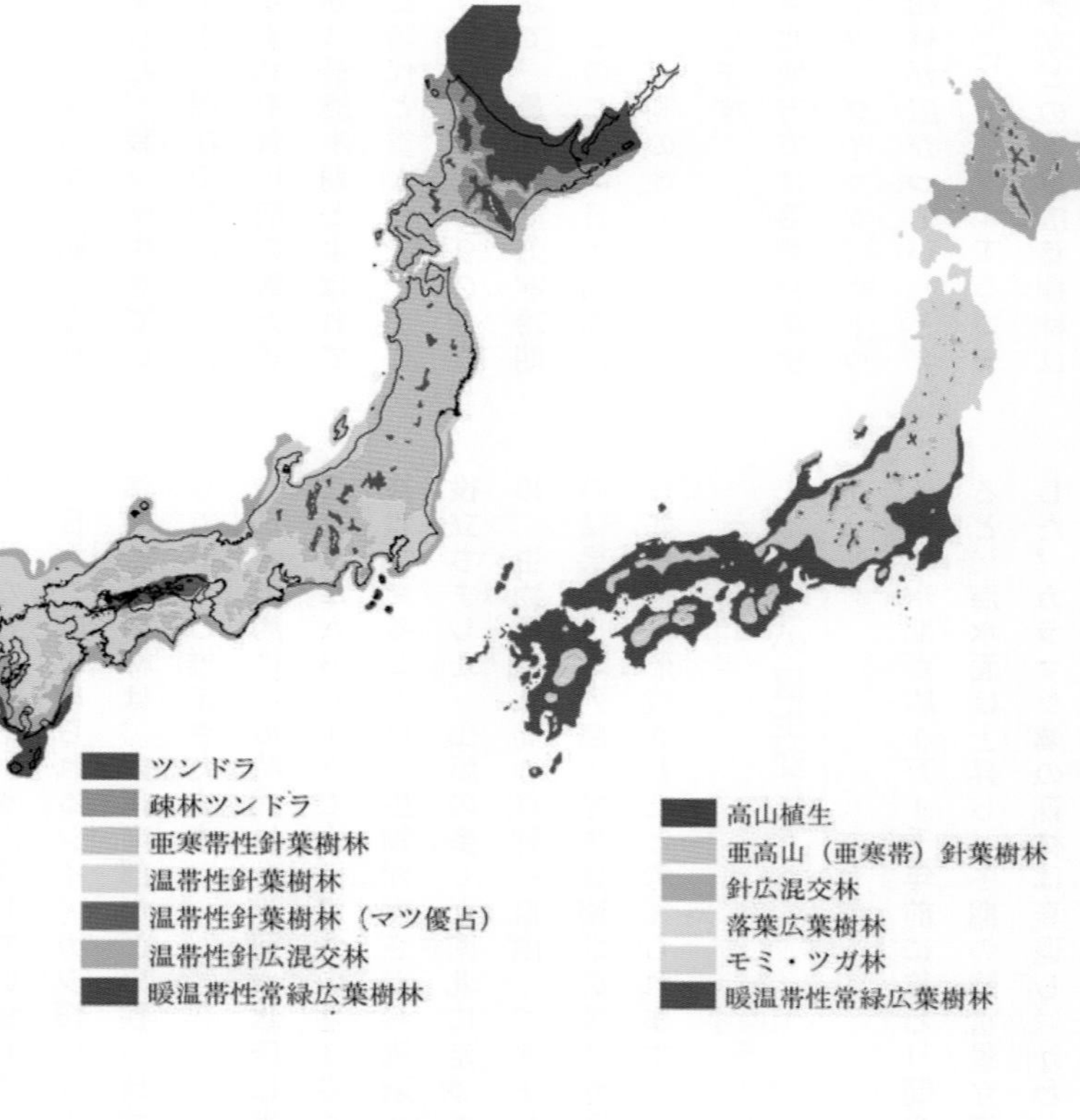

約2万4000年前の日本列島の古植生図（左図）（①より改変）、
および現在の日本の森林植生（右図）（②より改変）

側の少雪地域ではナラ類、クリ、ブナなどが混じる落葉広葉樹林が広がりました。高標高の山地では、モミ属やツガ属に代表される針葉樹林が成立しました。一方で九州、四国など西日本ではシイ・カシ類を中心とした暖温帯性の常緑広葉樹林が拡大し、山頂部にだけ落葉広葉樹林が分布しています。北海道では道南地方のブナ林を除いて、ミズナラやイタヤカエデを中心とする落葉広葉樹とエゾマツ、トドマツなどの針葉樹が混交する針広混交林が広がっています②。

今後の植生変化

それでは今後の植生はどのように変化するのでしょうか？　現在問題になっている温暖化は、今世紀末に気温が最大で4℃近く上昇してしまうかもしれない、非常に短期間の気候変化です。気温だけでなく、降水量や積雪量、台風の強度や頻度も変わると予測されています。

単純に考えた場合、植生は今よりも高温条件に適した植生タイプに徐々に変化していくと推定できます。例えば常緑広葉樹のアカガシは鹿児島県の屋久島から宮城県まで分布していますが、仮に気温が今より約4℃上昇した今世紀末ころには、気候条件的に分布可能な範囲は青森県まで北上すると推定されます③。またブナの北限は北海道南部の渡島半島ですが、今世紀末ころの潜在生育域は北へ拡大すると推定されます④。逆に九州や四国の山頂部に島状に点在しているブナ林は将来、山麓から分布を拡大してくる常緑広葉樹との競合により分布範囲が狭まったり、ブナの純林から混交林へと変化する可能性があります。

ここで注意しなければならないのは、植物は自分で移動できないという点です。シイ・カシ類、ナラ類、クリ、ブナや針葉樹の多くは、動物や鳥が種子を遠くへ運ぶことで分布を広げます。また種子が実をつけるほど育つには十数年から数十年必要です。ですから短期間の急激な気温上昇に対

植生学メモ｜【潜在生育域】植物や動物が生育・生息することが可能な環境条件を有する地域。

して、植物の分布移動はすぐには追いつけません。加えて自然植生が人為的に改変された結果、植物の移動速度はさらに低下すると考えられます。

病虫獣害の影響

気候変動以外にも将来の植生変化を考えるうえで心配なことがあります。例えばシカによる食害、マツ枯れ、ナラ枯れなどです。シカの頭数が過剰になった山では林床植物が激減してしまうばかりか、樹皮も食べられて高木にも被害が出ています。シカの分布は豪雪地帯ではやや少なめですが、温暖化によって積雪量が減少すると食害被害を受ける面積も増えるのではないかと危惧されています⑤。

マツの集団枯死の多くはマツ材線虫病という伝染病が原因です。北米産の外来種であるマツノザイセンチュウという線虫がカミキリムシによって媒介されることで、マツの中に侵入・感染して枯

マツ枯れ被害を受けた奄美大島のリュウキュウマツ（撮影:松井哲哉）

らしてしまいます。過去には青森県と北海道を除く都府県で甚大な被害をもたらしました。この病気は低温環境に弱いため、今のところは高標高域に生育するゴヨウマツ類やハイマツに被害は出ていませんが、温暖化が進めば被害が拡大する可能性があります[6]。

ナラ枯れは、カシノナガキクイムシという甲虫が病原菌を媒介することで発症する伝染病です。このキクイムシは大径木を好むため、伐採されずに高齢化したかつての薪炭林（たきぎや炭焼き用の原木を取るために利用していた林）や、マツ枯れ被害後に植生が遷移したナラ林やシイ林で被害が多いようです[7]。気候変動との因果関係はあまりわかっていませんが、感染木は水不足や高温が続くと枯死が早まる傾向があるようなので、温暖化でさらなる被害の拡大が心配です。

まとめ

以上、日本の森林植生の過去の変化と将来変化を考えるうえでの着目点について簡単にふれました。将来の適切な植生管理のための計画策定には、科学的な植生モニタリングによる現状把握をもとに、望ましい植生のあり方を地域ごとに議論していくことが大切です。

外来種の植生への影響

前迫 ゆり・鷲谷 いづみ

外来種とは?

生物多様性の危機要因の一つである外来生物の影響は、地球規模および地域で深刻化の一途をたどっています。外来種の侵入は、生物間相互作用を通じて生態系の構造や機能に多くの影響を及ぼしますが、なかでも侵略的外来種の侵入は植生を大きく変え、生態系機能や生物多様性に多大な影響を与えます。

2022年現在、外来種が侵入した生態系で外来種の根絶に成功した例はごくわずかです（比較的小さな島嶼では、侵入した哺乳類の根絶に成功した事が1000以上あります）①。なかでも、土のなかに寿命の長い種子を残す侵略的外来植物を取り除くことは特に困難です。外来種の根絶が困難な一方、侵入につながる人間活動はいまも増大し続け、外来種リスクはますます高まっています。

では、外来種とはいったいどういう生物なのでしょうか。外来種とは、もともとその地域にいなかったのに、「人間の活動によって」ほかの地域から入ってきた生物のことです。外来種という言葉は、海外から日本に持ち込まれた生物（国外由来の外来種＝国外外来種）のことを表すと思われがちですが、在来種（本来の分布域に生息・生育する生物）でも、日本国内のある地域からもともといなかった地域に持ち込まれた場合には「外来種」であり、元からその地域にいる生物に影響を与える場合があります。このような〝外来種〟のことを「国内由来の外来種＝国内外来種」とよびます。

日本では１９９３年に「生物多様性条約」が発効して以降、外来生物の侵入は生物多様性を脅かす主要なリスクとして認識されています。２００５年には5月に「特定外来生物による生態系等に係る被害の防止に関する法律」（外来生物法）によって特定外来生物の取り扱い規制が始まり、２０１５年には「日本の生態系等に被害を及ぼす又は及ぼすおそれのある外来種リスト（略称：生態系防止外来種リスト）」が公表されました。このように社会的なしくみの整備も進んでいますが、防除のための基礎的情報はまだまだ不足しています。外来生物が生態系に与える影響は地域によって異なり、刻々と変化もします。したがって、防除に関する科学的な情報の集積が重要です。

外来植物の影響は？

２０２２年5月に外来生物法が改正され、ヒアリ、アカミミガメ、アメリカザリガニなどの動物への規制が強化されましたが、植物は対象になりませんでした。しかし、外来植物の侵入は生態系そのものを大きく変化させるので、すでに侵入した外来種の管理や侵入の阻止を急ぐ必要があります。日本での事例で、その影響を見てみましょう。影響だけでなく、侵入時期、定着・拡散の要因、侵入先の植生タイプ（次ページからの表）にも注目してください。

照葉樹林の構造を変える

奈良県の春日山原始林（照葉樹林）では、耐陰性の高い国内外来種ナギと先駆性の国外外来種ナンキンハゼという、生態的特徴が全く異なる2種が、照葉樹林に広く拡散しています。針葉樹のナギは、平安時代に春日大社に「献木」として捧げられ、儀式に用いる神木として大切にされてきました。ナンキンハゼは、公園に植えられたものでした。侵入の時期もきっかけも異なるこの2種には、「シカが食べない」という共通点があります。そのため、ほかの植物に比べ高い確率で生き残ります。特にナギは耐陰性が高く、シイ・カシ類よりも寿命が長く、生き残りやすいうえ、ほかの植物の成長を抑える「アレロパシー」という作用を持ち、一度自然林に入り込むと、元に戻すことが困難な、不可逆的変化を引き起こします③。

奈良公園および春日山原始林では、シカの個体数が増えて密度が高くなり外来樹種が定着したこ

外来種ナンキンハゼとシカ（奈良公園）

コジイ林に侵入したナギ（矢印）

植生への影響	保全・管理手法	課題
照葉樹林の不可逆的変化 n 在来種との競争 種多様性の劣化	植生保護柵の設置 外来木本種（高木）の部分的伐採	広域的植生管理 シカ適正管理
礫川原消失 ヤナギ林不成立 森林化	伐採	養蜂業者からの保全要請への対応
種多様性の劣化 在来群落の構造変化 植物と昆虫類の関係変化 立地環境の変化	刈り取り (地上部剪定) 掘り取り処理	広範囲の分布拡大
	刈り取り 掘り取り処理	種子と地下茎による繁殖 耐水性・耐陰性が高い
		種子と地下茎による繁殖
水辺から岸に生育する植物との競争	植物体断片の流出や取り残しに注意しながら除去 駆除後の再生株除去	分布水域外での新規出現
近接して生育する在来種への食害増加	外来昆虫を介した見かけの競争を考慮	

とで、森林構造の変化と植生の衰退が起こりました。それは、景観の問題だけでなく、生物多様性の低下、さらには土砂崩れなどの災害リスクが高まるという問題をはらんでいます。

在来河畔林と置きかわる

攪乱が激しい河川域は、外来生物の侵入を受けやすいハビタットです。国が定期的に実施している「河川水辺の国勢調査」の結果は、すでに多くの河川に要注意外来生物のニセアカシアが侵入していることを示しています。

河畔のコゴメヤナギ林は、河川の洪水による立地の攪乱、裸地での種子からの発芽、定着、成長、成熟の繰り返しによって維持されてきました。水と土砂の動きが活発な河川氾濫原に、コゴメヤナギが発芽・定着しやすい場所（セーフサイト）ができ、コゴメヤナギ林が存続するのです。ところが、種子や根萌芽による繁殖力が大きなニセアカシアがセーフサイトに先に入り込んでしまうと、コゴ

表1　この記事で扱った外来種。外来種の侵入年、侵入～拡散要因、植生への影響、保全・管理、課題②

植生タイプ	外来種	侵入～拡散時間	散布様式	侵入～拡散要因
照葉樹林③	ナギ（n）	>600 年	風～重力散布	文化的植物移入（献木） シカ個体群
	ナンキンハゼ	>100 年（1920 年代）	鳥散布	公園植栽からの逸出 シカ個体群
河川植生④	ニセアカシア	>130 年（1870 年代）	水散布種子 根萌芽	治山植栽 河川流水散布 攪乱適応種子
草原植生⑤ 霧ヶ峰（a）と 天竜川上流（b）の例	ヘラバヒメジョオン a	>50 年（1970 年代）	風散布	観光道路建設
	メマツヨイグサ a	>50 年（1970 年代）	自動散布	
	オオハンゴンソウ a	>20 年（2000 年）	風散布	道路工事 景観植物
	オオキンケイギク b	>20 年（2000 年）	風散布	法面緑化 景観植物
水生植物⑥	ウスゲオオバナミズキンバイ	>10 年 （2009 年までに侵入）	水流散布など	園芸逸出 植物体断片・種子の拡散
河川植生・耕作放棄地⑦	セイタカアワダチソウ	>100 年	風散布 クローン繁殖	植食者からの解放 蜜源植物

青字で示した種は特定外来生物、日本の侵略的外来種ワースト100

メヤナギ林の動態は大きく変わります。そして最終的には、在来種の群落が外来種ニセアカシアの群落に入れかわってしまいます④。

種多様性を低下させる

外来種という言葉は「人間の活動」によって侵入してきた種に対して用いますが、ヒトが利用・管理している半自然草原に外来植物が侵入する場合もあります。

例えば霧ヶ峰高原では、特定外来生物のオオハンゴンソウが高層湿原周辺などで分布を拡大して優占し、種組成の多様性が低下しています。高層湿原内部への分布拡大も心配されています。

このほかにも、同じ霧ヶ峰高原ではヘラバヒメジョオンが侵入からおよそ50年、天竜川上流部ではオオキンケイギクがわずか20年で、対策が困難なほど広範囲に定着・拡散しています。霧ヶ峰では、草原の多様性を高めるためのニッコウザサの刈り取りが草原再生の効果を上げたのですが、一方で外来種侵入の要因になるという課題も浮かび上がりました。このことは、半自然草原の管理や多様性の維持・管理の難しさを物語っています⑤。

すみやかに広がる

淡水生態系も多様な侵略的外来生物の侵入によって変質が著しい生態系です。琵琶湖に侵入した水生植物ウスゲオオバナミズキンバイは、初確認から20年もたっていませんが、拡散速度が速く、湖面や河川などの水系に大きな影響を与えています。外来種は、早期の駆除が重要なのです。ウスゲオオバナミズキンバイに関しては、在来種の絶滅危惧亜種ミズキンバイとの誤同定の問題点も起きています⑥。

予想外の影響

外来種どうしの関係が、思いもよらな

オオハンゴンソウ（大窪氏撮影）

アワダチソウグンバイ（坂田氏撮影）

ウスゲオオバナミズキンバイ（稗田氏撮影）

い影響をもたらすこともあります。北米原産で2000年に日本に侵入した外来の植物食昆虫のアワダチソウグンバイは、外来植物セイタカアワダチソウを食べます。アワダチソウグンバイの密度が高い環境では、セイタカアワダチソウの抵抗性が高くなりました。このことは、生物間相互作用が固定的なものではなく、世代時間が短く、しかも個体数が多い生物のグループでは、強い選択圧に応じてその生態を変化させ続けることを示唆しています⑦。このことは、外来種の駆除を難しくします。外来種対策としてその外来種の天敵を利用したら、予想もしなかった影響が出るおそれがあることを示しているからです。

外来種と植生の多様性保全

以上のように、外来植物と在来植物とでは、植物どうしの関係もほかの生物を巻き込んだ生物間相互作用も、さらにはそれがもたらす現象も、ダイナミックに変化します。その変化は、外来種の侵入プロセスや定着の要因、植生タイプや地域によって異なります。また、木本か草本かといった生活様式の違い、陸域か水域かといった立地の違い、種子散布や繁殖特性なども、外来種の拡散速度、定着・拡散様式に影響します。外来種対策は一筋縄ではいかないのです。

しかし、植生や生態系の多様性が支える生物多様性こそ、自然がわれわれ人間にもたらす恵み、すなわち生態系サービスを持続可能にするものです。それは、あらゆる生物の生存基盤ともいえます。外来植物の侵入に対してこの生物多様性を保全するには、対象となる植生と、そこで優先的に守るべき要素に応じて、また、それをめぐる社会的な条件に応じて、科学的根拠にもとづく効果的な方策が必要です⑧。そのためには、研究者が学術調査を行って、そこから得た方策を社会に提案する必要があります。植生学は、そのような課題を担う研究分野といえます。

用語解説

（ ）内は執筆担当者

生態系に関する用語

遷移《せんい》　本来は、動物や微生物を含めた生物の集まりの方向性のある時間的変化のこと。季節変化や日変化などは周期的な変化で、遷移には含めない。植生では、植生の方向性のある時間変化。植生遷移ともいう。遷移の進行に伴って、種組成および構造が変化する。（上篠）

一次遷移　生態遷移の様式の一つ。溶岩流上など、地表に胞子や種子、栄養繁殖体といった植物体を含まない条件から始まる遷移。これに対し、一度植生が成立したあとに山火事や伐採などによって植生が消失し、新たに始まる遷移は二次遷移という。（川西・石田弘）

遷移初期　植物群落は時間とともに変化（遷移）し、初期の陽性タイプの植物群落から耐陰性の高い植物群落へと変化する。その初期の状態を指す。（前迫）

先駆性樹木　遷移初期に出現する樹木。アカメガシワ、ヤシャブシなどが陽性タイプの樹種。（前迫）

極相林　遷移の最終段階に成立する森林。種組成および構造が安定し、変化しなくなる。しかし、台風などのイベントによって森林が変化する場合もある。（前迫）

攪乱《かくらん》　植生が部分的もしくは全体的に壊される、ある程度突発的な現象。台風や洪水、雪崩《なだれ》のような自然に起こる自然攪乱と、人為的な山火事、伐採や草刈りのような人が起こす人為攪乱がある。（横川）

遷移の後退　遷移は通常、陽性タイプから陰性タイプの植物群落へと進む。これを「遷移が進行する」という。これとは逆に、極相林が攪乱を受けて、より若い遷移段階の植物群落に変化することを「遷移の後退」という。（前迫）

優占　植物群落のなかで、ある植物種の量が特に多い状態。（石田弘）

塩ストレス　土壌中の塩分（ナトリウム、カリウムなどの無機塩類）による植物への生育阻害。（川田・上篠）

生存戦略　生物が生き残るための戦略。たとえばマツの球果（まつぼっくり）が天気のよい日に開いて種子を飛ばすしくみも生存戦略の一つ。（前迫）

シードバンク　地中に残り、発芽の機会を待っている状態の種子の集団。埋土種子集団ともいう。（川西・上篠）

現存量　生物体の総量。バイオマスともよび、植物だけを対象にすれば、地上部や地下部（根）の量を意味する。通常は乾燥重量で示すが、湿重量で表し

たり、体積で代用する場合もある。（石川）

樹林　木本類（樹木）が優占する植物群落。草本類が優占する植物群落は草原、植物がまばらにしか生育していない場所は荒原、植物がほとんど、あるいは全く生育していない場所は裸地とよばれる。（石田弘）

裸地《らち》　火山の噴火、洪水や人為的な攪乱で地表から有機物が取り除かれ、無機質の土壌がむき出しとなった土地。（崎尾）

立地　ある植生タイプや植生の組み合わせが分布している場所あるいはその場所の環境のこと。（上篠）

窒素《ちっそ》**固定能力**　大気中の窒素分子を吸収すること。通常の植物はアンモニアや硝酸などの水に溶けている窒素を含む分子を吸収し、窒素を獲得するが、窒素固定能力を持つ植物は、根に形成される根粒から大気中の窒素分子を吸収することができる。（上篠）

気候タイプと植生に関する用語

日本列島の気候タイプは積算気温によって南から「亜熱帯」「暖温帯」「冷温帯」「亜寒帯」「寒帯」に大きく区分され、植生の広域分布とおおむね対応している。

亜熱帯はWI（暖かさの指数）が180以上の地域（沖縄県から鹿児島県の南西諸島）、暖温帯はWIが85～180の地域（鹿児島県の屋久島から宮城県や新潟県の海岸低地に至る広い地域）、冷温帯はWIが45～85（鹿児島県の屋久島の高標高域から九州、四国、本州の山地を経て北海道の低地に至る広い地域）、亜寒帯はWIが15～45（本州中部から東北地方を経て北海道の知床半島に至る高標高域や寒冷な地域）、寒帯はWIが15以下の寒冷地で、いわゆる森林限界以上にあたる高山帯に分布する。

こうした気温の傾度とは別に太平洋側の寡雪地域と日本海型の多雪地域との間には明瞭な積雪の背腹性が存在し、これが植生の分布や多様性をより複雑にしている。（松井）

亜熱帯　気候帯の一つ。熱帯と暖温帯の間に位置する地域。年平均気温は熱帯よりも低く、暖温帯よりも高い。また、気温の季節変化は熱帯よりも大きく、暖温帯よりも小さい。（石田弘）

暖温帯　気候帯の一つ。亜熱帯と冷温帯の間に位置する地域。年平均気温は亜熱帯よりも低く、冷温帯よりも高い。気温の季節変化は亜熱帯よりも大きく、冷温帯よりも小さい。（石田弘）

熱帯雨林　熱帯の多雨地域に分布する常緑広葉樹林。（石田弘）

常緑広葉樹林　カシやシイ類のように広い葉を持ち、1年を通じて葉をつけている樹木で構成される森林。（石田弘）

照葉樹林　暖温帯から亜熱帯に成立する常緑広葉樹林の1タイプ。日本の照葉樹林は次の3領域に分けられる。①カシ類やモミが優占する分布の北限・上限域（本土の低山など）、②シイ類、タブノキなどが優占する領域（本土の沿岸部～丘陵）、③スダジイやオキナ

ワウラジロガシが優占する領域（南西諸島）。（川西）

落葉広葉樹林（夏緑林） ブナやナラ類のように広い葉を持ち、1年のうち特定の季節（冬、乾期など）は葉を全て落としてしまう樹木で構成される森林。（比嘉）

ブナ帯 東日本の落葉広葉樹林を代表する森林帯。日本海側の積雪地帯では、ブナの純林が形成される。（崎尾）

垂直分布と植生タイプに関する用語

垂直分布とは、海抜高度にともなう温度などの環境条件の傾度に沿ってみられる生物の分布のこと。植生の場合、垂直分布は海抜高度、水平分布は南から北、海岸から内陸部への平面的な分布を指すことが多い。（比嘉）

また、垂直分布は、高山帯、亜高山帯、山地帯、低地帯に分類される。高山帯では森林は形成されず、高山植生がみられる。亜高山帯ではシラビソやトウヒ、コメツガなどの常緑針葉樹で形成される亜高山帯林が、山地帯ではブナやナラ類などの落葉広葉樹で形成される山地林が、低地帯ではシイ・カシ類など常緑広葉樹で形成される低地林がみられる。（崎尾）

高山帯 亜高山帯より上部の植生帯を意味し、草本で優占される自然草原などが形成される。（崎尾）

偽高山帯 針葉樹林を欠く亜高山帯。高山帯に似た景観を持つことからこのようによぶ。（山岸・石川）

亜高山帯針葉樹林 「中間温帯林」ともいう。山地帯と高山帯の間にあり、亜寒帯気候帯に成立する常緑針葉樹林のこと。日本ではウラジロモミ、シラベ（シラビソ）、トウヒなどが優占する森林を指す。（比嘉・崎尾）

シラビソ林 亜高山帯に成立する常緑針葉樹林。（比嘉）

モミ・ツガ林 暖温帯上部（照葉樹林）から冷温帯下部（落葉広葉樹林）の移行帯付近に成立する。モミやツガといった常緑針葉樹が優占するが、冷温帯ではブナ、ミズナラなどの落葉広葉樹、暖温帯ではアカガシ、ウラジロガシ、スダジイなどの常緑広葉樹と混生する。（比嘉）

硬葉樹林 セイヨウヒイラギガシやコルクガシのような硬葉樹が優占する常緑広葉樹林。亜熱帯・暖温帯に分布する。（石田弘）

アカエゾマツ林 アカエゾマツは北海道と早池峰山、南千島、サハリンにのみ分布する針葉樹で、岩石地や湿地、蛇紋岩地、火山灰地、砂丘上などの厳しい環境にも生育できる。根室地方の湿地性アカエゾマツ林は林床がコケで覆われ、独特の景観。（加藤・冨士田）

常緑針葉樹林 針葉樹にはカラマツのような落葉性針葉樹とモミ、ツガ、トウヒ、エゾマツ、トドマツのような常緑性針葉樹がある。後者が優占する森林を常緑針葉樹林とよぶ。（前迫）

海岸・海浜に関する用語

陸地と海の境界にあたる海岸は、でき方や、地形、環境などの視点に応じていろいろに分類される。見かけによる分類では、砂浜・磯・干潟などが一般に知られている。

　このうち砂浜海岸は地形によってさらに細分化され、海岸線に沿って帯状の構造になっている。海に近い部分から、いつも波に洗われる前浜、時化《しけ》のときだけ波をかぶるような後浜、その背後には潮流によって砂が堆積した砂丘がある。

　砂丘は自然の海岸では複数列できることがあり、海側から第一砂丘、第二砂丘などとよんでいる。砂丘のさらに後ろ側にできる湿地を後背湿地とよぶ。海跡湖をともなうような砂州では塩性湿地になることもある。（津田）

海岸段丘　海岸線に沿ってみられる階段状の地形。波による浸食・堆積作用と地殻変動による隆起あるいは海面の低下により、海底の平坦面が地上に現れることで形成される。海成段丘。（黒田・永松）

海食　波や潮流による浸食作用。（黒田・永松）

海食崖　海食により形成された海岸の崖。（黒田・永松）

海食洞　海食により海食崖に形成された洞窟。（黒田・永松）

洞門　海食洞が波による浸食で貫通しトンネル状になった地形。海食洞門。（黒田・永松）

砂浜海岸　海の波や水流、風の影響で砂や小石（礫）が堆積した海岸。発達した砂浜海岸では、海に近い場所から順に、前浜、高潮や暴風時のみ波をかぶる後浜、砂丘が形成される。海からの環境勾配に応じて、生育する海浜植物が帯状に変化する成帯構造を形成することが知られている。（島田・平吹）

塩湿地（塩性湿地、塩沼地）　潮汐の影響で一時的に海水または汽水が入り込む低平で過湿な陸地。ハママツナやアッケシソウなどの耐塩性の高い植物が生育している。（津田）

マングローブ　塩湿地植生の一つ。熱帯から亜熱帯の感潮域にあって、満潮時には根元が海面下に水没する森林植生。その森林を構成する植物群をマングローブとよぶこともある。（川西）

森林に関する用語

森林は、サイズ（直径または高さ）が小さいものから大きいものまでさまざまな樹木で構成されている。そのサイズ構造を森林構造とよぶ（林分構造ともいう）。

　日本の森林は上から順に、林冠を形成する高木層、その下の亜高木層、低木層、草本層といった階層構造を持つことが多い。高木層や亜高木層を形成する樹種の稚樹や実生は低木層や草本層にも分布する。常緑広葉樹林や人工林のように亜高木層を欠く森林も存在する。（前迫・崎尾）

林冠　森林の最も高い位置にある部分で、群落の最上層を構成する樹木の枝葉が分布する範囲のこと。森林の階層の一つとして「林冠層」とよぶこともある。（山川・伊藤）

林冠閉鎖　林冠を形成している高木の葉で森林の上部が覆われている（閉鎖し

ている）状態。林内に届く光をさえぎるので、林内は暗くなる。（前迫）

林冠ギャップ 林冠を形成している樹木が倒れて、林冠に穴があくこと。そのため林内が明るくなり、若木の成長が速くなる。（前迫）

林床 森林の地表面。落ち葉が堆積し、次世代の実生や草本、シダ植物などが生育する。（前迫）

森林更新 親木が種子を落としてその種子が発芽して成長する、親木が枯死すると実生や稚樹が成長し親木の後を埋めるなど、群落あるいは群集の一部が失われたとき、その欠けた部分を補う現象。再生ともいう。森林は次の世代を絶えず準備し、森林として維持される。（前迫）

灌木《かんぼく》 太い幹をつくらず、地面から多くの細い枝を放射状に伸ばす木本植物。（川西・上篠）

混交する 異なる樹種、特に針葉樹と広葉樹が混ざり合った状態を指す語。「針広混交林」のように使われる。（崎尾）

森林回転率 森林が攪乱を受けて林冠ギャップが生じ、それが閉鎖し、再びギャップができるまでを1回転と考える。個体群または群集が更新していく速度（一定期間の純生産をその期間中の平均減損料で除した値）を意味することもある。（前迫）

萌芽《ほうが》 樹木の主幹が伐られたり、折れたりした後、新たに芽が出ること。この芽は側枝、幹となる。低木類では、幹が伐採されたり折られたりしなくても萌芽する種もある。また、根萌芽のように萌芽が根から出る場合もある。（前迫）

実生《みしょう》 種子から発芽して生まれた幼い植物。樹木種では、成長すると稚樹（幼樹）となる。（前迫）

定着 実生は1、2年で消失することもあるが、消失せず成長し続ける状態をいう。（前迫）

稚樹 樹木の種子から発芽した実生が定着したあと、ある程度の年齢や大きさに育つまでの途中の個体。大きさに厳密な基準はなく、数十センチから2メートル程度までを指す場合が多い。森林内に定着した稚樹は前生稚樹とよばれ、天然林の更新や伐採後の人工的な更新の際に重要な役割を果たす。（石川）

着生植物 樹木の幹の表面や空中に露出する岩石上などに固着して生活する植物。雨水とそのなかの栄養塩類を吸収し、固着する植物から栄養をとることはないので寄生ではない。ラン科、シダ植物に多い。（川西）

胸高直径 樹木のサイズを示す代表的な指標。しばしばDBH（diameter at breast height）と略される。日本では地上1・2メートルまたは1・3メートルの高さでの幹直径が使われることが多い。（山川・伊藤）

高山植生に関する用語

森林限界より上の高山帯には、草本類や矮性低木を主体とする高山草原帯という植生帯が成立する。主な植生は風衝草原、風衝矮性低木群落、高山荒原、雪田植生がある。（石田祐）

広葉草原　亜高山帯から高山帯の下部の雪崩斜面や雪田周辺に成立するダケカンバ―ミヤマキンポウゲクラスのシナノキンバイ―ミヤマキンポウゲオーダーの植生。ハクサンフウロ、クロトウヒレンなどが見られ、登山者から「お花畑」と呼ばれている。（石田祐・前迫）

風衝草原《ふうしょう》　高山帯の風衝（風当たり）の厳しい斜面に成立するカラフトイワスゲーヒゲハリスゲクラスの植生。イネ科、カヤツリグサ科を主に、オヤマノエンドウ、トウヤクリンドウ、チョウノスケソウなどが出現する。（石田祐）

高木限界　高木の生育が不可能となる限界線。（石田祐）

森林限界　低温、強風、乾燥、乏しい土壌養分など厳しい環境条件のなかで、樹木が生存競争を繰り広げてきた結果形成された、閉鎖した林冠を持つ森林が成立する限界線。極域や高山帯にみられる。（石田祐）

高山荒原《こうげん》　高山帯の構造土、超塩基性岩、急傾斜などの不安定な崩壊地に成立する。ウルップソウ、イワスゲなどが出現するコマクサ―イワツメクサクラスの植生。（石田祐）

雪田植生《せつでん》　高山帯の、夏まで雪が消えない雪渓に成立するアオノツガザクラ―ジムカデクラスの植生。雪が消えた後、乾燥する場所にアオノツガザクラ、チングルマなど、湿った状態が続く場所にハクサンコザクラ、イワイチョウなどが出現する。（石田祐）

風衝矮性低木群落《わいせい》　高山帯の風当たりが強く乾燥しやすい場所には、クロマメノキやウラシマツツジの夏緑性矮性低木群落、より安定した場所にはコメバツガザクラやミネズオウなどの常緑性矮性低木群落が成立する。いずれもミネズオウ―クロマメノキクラスに属する。（石田祐）

山頂現象　山頂や尾根で強風や劣悪な土壌水分条件などにより、植生の発達が制限される現象。（山岸・石川）

周北極要素　高緯度地方の北極を取り巻くように分布する寒帯の植物を指す。氷期に南下して中緯度高山に隔離分布する植物が多い。亜種や変種などの類縁関係を有して地域性がみられる。（石田祐）

湿原・湿地に関する用語

湿性林　湿った立地に成立する過湿に強い樹木で形成される林で、湿地植生の1タイプ。温帯から冷温帯ではハンノキ林やヤチダモ林が典型。（加藤・富士田）

中間湿原　泥炭層が厚くなり、地下水の影響が少なくなった中栄養の湿原。低層湿原から高層湿原の要素が混在する。いくつかのタイプがあり、主流はヌマガヤ湿原。（加藤・富士田）

高層湿原　泥炭の集積が進んで地表面が高くなり、降水や海霧など空中からの水のみで潤される貧栄養性の湿原。ミズゴケ湿原。（加藤・富士田）

泥炭　枯死した植物体が過湿・寒冷などの条件で完全に分解されずに堆積した有機質土壌。（加藤・富士田）

低層湿原　地表面が地下水位よりも低く、栄養を含んだ地下水や地表水で潤される、富栄養性の湿原。ヨシ・スゲ

湿原。（加藤・冨士田）

ブランケット型湿原　地形の起伏をブランケット（毛布）をかけたように泥炭が覆っている湿原で、冷涼多湿な海洋性気候の地域に発達する。（加藤・冨士田）

池塘《ちとう》　高層湿原にできる小規模な池。周囲との泥炭の堆積速度の違いや、泥炭にできた割れ目に水がたまったもの。「池塘」とも書く。（吉川）

ブルテ、シュレンケ　発達した高層湿原の地表には凹凸がみられる。ミズゴケなどの枯死体の堆積が進んで凸状になった部分をブルテ、その間の凹地になった部分をシュレンケという。（吉川）

人間の影響に関する用語

薪炭《しんたん》としての利用　樹木を伐採し、燃料として利用すること。乾燥させて使うものが薪。炭は薪を高熱で焼いてつくる。燃料としては、炭は薪よりも高温を出すことができる。（上篠）

松くい虫被害　マツノザイセンチュウにより引き起こされるマツの萎凋《いちょう》病（マツ材線虫病）による被害。マツノマダラカミキリが媒介し、しばしばマツ属植物の集団枯死を引き起こす。（川西）

シカの影響　植食性動物のシカは高密度で生息すると植物に影響を与える。枝葉の採食、樹皮はぎ、踏みつけなどによって森林更新が阻害されたり、種の多様性が減少する場合もある。激甚な影響を与えた場合には斜面崩壊に至る。（前迫）

拡大造林　昭和30年代から展開された林野政策。森林の生産力を最大化する方策の一つとして、多くの天然林や半自然草原が針葉樹人工林へと転換された。（山川・伊藤）

保全に関する用語

モニタリングサイト1000　全国に1000か所以上の調査サイトを設置し、100年以上モニタリングを続けることで自然環境の質的・量的な変化・劣化を早期に把握することを目的とした取り組みで、環境省が2003年に始めた。高山帯、森林・草原、里地、陸水域、砂浜、沿岸域、サンゴ礁、小島嶼に大区分される。（加藤・冨士田）

生息域内保全　ある生物を、自然状態にある本来の生息地において保全する方法。生物多様性保全の原則とされ、対象の生物に必要な環境要素や生息地の規模を確保することが必要となる。（川西）

レッドリスト　絶滅のおそれがある野生生物の種のリスト。日本では環境省が作成したもののほか、都道府県や市町村でも作成している。レッドリストを掲載した本は、レッドデータブック（RDB）などとよばれ、たいてい数年おきに更新される。（津田）

OECM　「その他の効果的な地域をベースとする手段（Other Effective area-based Conservation Measures）」の頭文字をとったもので、国立公園などの保護地区ではない地域のうち、生物多様性を効果的にかつ長期的に保全しうる地域のこと。「30 by 30」を実現するため、保護地域以外で生物多様性

保全に貢献できる地域。認定制度が環境省で検討されている。（前迫）

30 by 30　サーティ・バイ・サーティと読む。COP15（第15回生物多様性条約締約国会議）において、2030年までに生物多様性の損失を食い止め、回復させる（ネイチャーポジティブ）というゴールに向け、陸と海の30％以上を健全な生態系として効果的に保全しようとする目標。（前迫）

植生学に関する用語

地史　ある地域の地質の発達または地球全体の自然の歴史のこと。地史のなかには過去の環境の変遷、生物の変遷、地質構造の発達、火山活動の歴史などさまざまな内容が含まれる。（設樂）

南西諸島　九州島南方から台湾北東にかけて、約1200キロメートルにわたり点在する島嶼群。大隅諸島、吐噶喇列島、奄美群島、沖縄諸島、宮古列島、八重山列島、大東諸島、八重山列島が含まれる。（川西）

最終氷期最寒冷期　地球の気候史の最終氷期の中でも氷床が最も大きくなった最後の時期で、約2万6000年前から2万年前の間の時期。（崎尾）

緑色凝灰岩　凝灰岩のうち緑色系統の色調を呈する岩石。（崎尾）

種多様性　ある空間・生物群集においてさまざまな生物種がどのような状態で共存しているのかを定量的に表す概念。種多様性の尺度として「種の豊かさ（種数）」と「均等度」の二つがある。共存する生物種の数が多くなるほど、また、共存する生物種の間の量的な違いが小さくなるほど種多様性は高くなる。（石田弘）

生息密度　ある空間に生息する生物種の個体数をその空間の面積で除した値。（石田弘）

種密度（種数密度）　単位面積あたり、またはサンプルあたりの種数を表す指数。（川西）

遺伝解析　遺伝子を解析すること。本書では特に、生物の種の系統関係や系統が分かれた年代を推定することを目的とした遺伝解析のこと。（上篠）

植生図　植物群落の広がりを地形図上に示した図。46ページに示した植生図は環境省によって整備され2万5000分の1植生図「桜島北部」「桜島南部」「鹿児島南部」「鹿児島北部」GISデータ（環境省生物多様性センターhttp://gis.biodic.go.jp/webgis/）を使用し、筆者が加工・作成した。（川西）

執筆者紹介

凡例

氏名（よみがな）
現職／所属学会
自己紹介

石川 幸男（いしかわ ゆきお）
弘前大学 名誉教授／植生学会、日本生態学会

長年、北海道や北東北における植生の現状記載を行うとともに、年輪をキーとした森林動態、樹木の長期成長動向などについて調べてきました。今年（令和4年）3月の定年退職以降は、40年ほど前からかかわってきた知床での調査を続けながら、各地での年輪調査のお手伝いもしています。

石田 弘明（いしだ ひろあき）
兵庫県立大学 教授、兵庫県立人と自然の博物館 次長／植生学会（幹事長）、日本生態学会、日本緑化工学会

幼いころから自然が大好きで、小学校の夏休みには毎日のように山や川で遊んでいた。大学では、自然環境の保全に寄与する研究がしたいという思いから、照葉樹林の保全生態学的研究に取り組んだ。就職してからは、里山林、ブナ林、草原などにも対象をひろげ、その保全・再生に向けた研究を実施してきた。

石田 祐子（いしだ ゆうこ）
神奈川県立生命の星・地球博物館 学芸員／植生学会、日本生態学会、長野県植物研究会

子供のころに道端の草を見て、どうしてここに生えているのだろう……そんなことを思っていた。その後、まだ見たことのない植物に出会えるのではないかと登山を始め、過酷な環境で生育する植物の生き態《ざま》に惹《ひ》かれるようになった。現在は、高山に限らず身近な植物の研究も行うほか、野生植物の利用についても興味を持っている。

井田 秀行（いだ ひでゆき）
信州大学教育学部 教授／長野県植物研究会誌（編集委員長）、北信濃の里山を保全活用する会（会長）、いいやまブナの森倶楽部（副会長）

小学生だった1970年代、下駄職人の亡き祖父は「下駄ではもう食っていけん」とボヤいていた。結構本気で後継ぎを夢見ていたが、時代に抗うほどの強い意志は自分にはなかった。最近ようやく木や草を使った伝統的なものの価値が身に染みるようになってきた。そうした価値を科学的に解明・評価し、守り伝えていきたい。

伊藤 哲（いとう さとし）
宮崎大学 教授／日本森林学会（常任理事）、植生学会、日本景観生態学会（副幹事長）

植生学との出会いは、常緑広葉樹二次林の種組成と立地環境の関係を扱った卒業研究。大学院で「攪乱」の面白さに出会ってからは地形形成過程と自然林動態の研究に傾倒した。現在はスギ人工林や熱帯のアグロフォレストリーでの人為攪乱と植物種多様性などに手を広げ、収集がつかなくなってきている。本来の専門は造林学。

加藤 ゆき恵（かとう ゆきえ）

釧路市立博物館 学芸員／すげの会、日本植物分類学会、日本生態学会

大学の研究室の研究テーマで「湿原植生」と「スゲ」に出会い、そのままどっぷりと浸かってきました。釧路・根室地域は北海道内でも特に寒冷で、この地域特有の植物や植生が見られ、興味深い場所です。推し植生は、湿原内の縞々微地形「ケルミーシュレンケ複合体」の景観。植生の微妙な違いから微地形が見えてくると嬉しくなります。

上條 隆志（かみじょう たかし）

筑波大学生命環境系 教授／植生学会（会長）、伊豆諸島における自然保護活動、つくば市の生物多様性戦略作成

動物を含めた自然保護の基礎として植生が重要と思い、東京農工大学植生管理学研究室に入りました。役だつものとして学ぶというのきかっけでしたが、当時千葉大学の大澤雅彦の東アジアの森林帯モデルに触れ、理論的な研究としてもおもしろいということを知りました。植生のことを考えるのはとても楽しいことです。

川田 清和（かわだ きよかず）

筑波大学生命環境系 助教／植生学会、日本生態学会、日本沙漠学会

大学院生のとき中国で見た草原の砂漠化で環境の変化に敏感な乾燥地・半乾燥地の植生に興味を持ち、アジアやアフリカの草原地帯を中心に約20年間フィールド研究を続けている。日本とは異なる価値観や文化の共通性にも興味があり、海外の市場やレストランで異文化を味わうことが楽しみの1つ。

川西 基博（かわにし もとひろ）

鹿児島大学教育学部 准教授／日本生態学会、植生学会、日本生物教育学会

今思えば、小学生の時に石鎚山のブナ林をみて感動したのが植生に興味をもったきっかけであった。学生時代から主に河川沿いの植生を研究しており、特に草本植物の多様性に強い興味を持つ。現在は南九州から南西諸島で研究を進めているほか、小学校の校庭でみられる植物の調査を行うなど環境教育に関する研究・活動も始めた。

楠本 良延（くすもと よしのぶ）

農研機構西日本農業研究センター 上級研究員／植生学会、生態学会、世界農業遺産専門家委員

大学生からの植生調査を通じて、植生がその場所に成立する理由を考えることが好きになりました。特に、農業などの人間活動が関わることにより成立する二次的自然に興味をもつことになりました。食料生産と生物多様性の両立する持続的な農業の在り方を見つけることがライフワークです。

黒田 有寿茂（くろだ あすも）

兵庫県立大学自然・環境科学研究所 准教授、兵庫県立人と自然の博物館 主任研究員／植生学会、日本生態学会

学部4年次の春、指導教員の先生に植生調査を見せてもらったのが研究の始まり。観察会に参加しフィールドを巡るなか、多様な植物・植生の姿に関心をもつ。今は里山林、海辺の植生、絶滅危惧種などを対象に調査を実施中。植物の生態や植生の成り立ちを明らかにしてその保全につなげたい。

崎尾 均（さきお ひとし）

Botanical Academy 代表、新潟大学佐渡自然共生科学センター フェロー、新潟大学 名誉教授／植生学会、日本 MAB 計画支援委員

林業技術者から研究の道へ。水辺林、特に渓畔林の更新や樹木の生活史を、秩父山地、佐渡島、只見、屋久島などで研究してきた。植生の長期変化について富士山の森林限界や秩父の渓畔林で40年近くの研究継続中。サイエンス・カフェや自然ガイドとして、市民に植物の生存戦略や植生の面白さを伝える活動を展開している。

澤田 佳宏（さわだ よしひろ）

兵庫県立大学大学院 准教授、兵庫県立淡路景観園芸学校 主任景観園芸専門員／植生学会・日本生態学会・漂着物学会

環境アセスの仕事をしていて生態系の基盤ともいうべき「植生」に興味を持つ。半自然草原やため池など、農地周辺の植生と人のかかわりへの関心が高じ、自分でも農地や山林の管理をしてみたくなって淡路島の農村に移住した。推しの植生は、海岸砂丘のビロードテンツキ群落。限りなく裸地に近い、そのギリギリな感じがかっこいい。

設樂 拓人（したら たくと）

森林研究・整備機構 森林総合研究所 多摩森林科学園 研究員／植生学会、日本植生史学会、植物社会学研究会

高校生時代にタヌキマメやキリシマシャクジョウを見て野生植物に興味を持つ。現在は東アジアや日本列島の植生地理やその変遷過程を中心に研究中。また、植物の生態や植生の写真撮影も行っている。思い出の植生はロシア極東のアムール川沿いのチョウセンゴヨウの自然林。カメラに収まりきらないダイナミックさは圧巻。

島田 直明（しまだ なおあき）

岩手県立大学総合政策学部 教授／植生学会、日本景観生態学会、岩手生態学ネットワーク

小学生のころ、家の隣が武蔵野の雑木林でした。当時は下刈りや落ち葉掻きが行われていて、とても歩きやすく、駆け回って遊んでいたことが、植物に興味を持つきっかけでした。東日本大震災後は、海辺の植生に重点をおいて調査しています。あわせて海辺の小学校に出向いて、海浜植物に触れ合ってもらう授業も行っています。

島野 光司（しまの こうじ）

大阪産業大学環境理工学科 教授／日本生態学会、森林学会、植生学会

チェルノブイリ原発事故をきっかけに自然・地球を守ることに目覚める。太陽光発電普及を目指し物理学を学ぶ。大学受験時に自然保護に傾く。のち、自分が信じていた進化論はラマルク説で異端と知りショック。努力とは何なのかと自問した日々。かわる自然、かわらぬ想い。盡人事而待天命《じんじをつくしててんめいをまつ》。

津田 智（つだ さとし）

元岐阜大学／International Association of Wildland Fire、日本生態学会、日本植物学会

大学2年生の時から火生態学に興味を持ち、秩父の火事跡再生林で卒業研究を行った。大学院では宮城県の山火事跡地で初期植生を調べ、再生には埋土種子が重要との仮説をたて、調査地を全国の火事跡に拡大した。火生態学的興味は、焼畑、草原火入れの研究にもおよび、火を使った自然再生事業などに参加・協力している。

中静 透（なかしずか とおる）

国立研究開発法人森林研究・整備機構 理事長／日本生態学会、日本森林学会、植生学会

森林の変化に興味をもち、若い頃から同じ場所を定期的に調べてきました。長い期間には、大木が倒れたり、シカが増えたり、ササが枯れたり、土石流が起こったりしますが、何十年あるいは数百年に1度の出来事が森林の姿に大きな影響を残しています。そうした出来事に対する樹木の反応は、とても多様で面白いのです。

永松 大（ながまつ だい）

鳥取大学農学部 教授／植生学会、日本生態学会、日本森林学会

地形と植生の関係に興味を持ち植生学の世界に足を踏み入れた。自然攪乱が森林に与える影響を明らかにすべく自然林を調査していたが、長期に生育する森林と折々の人間活動とのかかわりを次第に意識するようになった。自然林から人工林、草原や湿地まで、植生の維持管理、生物多様性の保全と利用にかかわっている。

西脇 亜也（にしわき あや）

宮崎大学農学部附属フィールド科学教育研究セ

ンター教授／日本草地学会、種生物学会、日本生態学会

信州大学の学部時代は高山帯や森林でも植生調査したが、最もハマったのは草原だった。斜面によって植生が異なる理由に興味を持ち、移植実験を行う。帯広畜産大の修士時代は、ススキ群落とササ群落の種多様性が異なる理由が知りたくて、遮光実験を行う。今は放牧制限実験を行い、草原の野外実験が好きな自分を自覚している。

比嘉 基紀（ひがもとき）

高知大学理工学部 講師／植生学会、応用生態工学会、日本森林学会

植物の分布がどのような要因によって決まるのかに興味を持ち、様々な空間スケールで研究を行ってきました。最近では、植物群落の種多様性と植物の形態との関係や、着生植物の分布特性に関する研究を行っています。

冨士田 裕子（ふじた ひろこ）

北海道大学北方生物圏フィールド科学センター植物園 教授・園長／植生学会、日本生態学会、Society of Wetland Scientists

卒業論文から博士論文まで湿地林を対象に研究。研究室では「水曜日の女」とか「水商売」などと呼ばれていた。北海道に移り、「湿原」が研究の中心にかわったが、引き続き湿った場所で調査。最近は湿地生態系の保全のために、湿地のインベントリーやデータベース作成も行っている。

平吹 喜彦（ひらぶき よしひこ）

東北学院大学 教授／植生学会、自然環境復元学会 日本景観生態学会

若い頃はモミ林やブナ林、熱帯雨林など原生的な植生を追いかけました。次第にヒトによる破壊と、伝統的な知恵を大切にした持続可能な利用に関心をもち、今は大津波で攪乱された海岸エコトーンの保全とグリーンインフラ化に夢中です。

前迫 ゆり（まえさこ ゆり）

大阪産業大学大学院 教授／植生学会（副会長）、社叢学会（副会長）、日本生態学会

大学3回生の八甲田山実習で見た常緑針葉樹の風衝樹形、雪圧で桿が曲がったネマガリダケは、環境と植物の関係をダイレクトに感じた瞬間でした。以来、フィールド研究への興味は尽きませんが、2022年の夏は樹上作業の専門家「空師」といっしょに樹上20メートルでラン科植物の調査を行いました。樹上から見る照葉樹林の姿は格別でした。

増井 太樹（ますい たいき）

公益財団法人阿蘇グリーンストック 常務理事／植生学会、生態学会、緑化工学会

大学時代より草原の研究をはじめ、日本の草原をこよなく愛する熊本出身の30代。これまで関わった火入れは14か所60回以上。草原を後世に残すため、草原を使った価値創造・新しいワクワクを考えながら仕事をしています。

増澤 武弘（ますざわ たけひろ）

静岡大学防災総合センター客員教授、静岡大学名誉教授／日本生態学会自然保護専門委員、日本MAB計画支援委員

富士山や南アルプスなど日本の高山での研究をはじめ、北極圏・ヒマラヤ・アンデスなど広域に極限環境に生きる植物の生き方について、研究を続けている。また、ライチョウの食べ物についても南アルプスで調査研究を行っている。

松井 哲哉（まつい てつや）

森林研究・整備機構森林総合研究所 生物多様性・気候変動研究拠点 気候変動研究室 室長、筑波大学生命環境系 連携大学院 教授／植生学会、日本生態学会、日本森林学会

卒論で東北地方の美しいブナ林を見て以来、植生が好きになりました。社会人やニュージーランド留学を経て、ブナ林の温暖化影響評価研究

を開始し、現在は生物多様性保全と温暖化対策、ネットゼロエミッションと森林の炭素蓄積量、昭和初期と現在の植生比較などの研究をしています。

松村 俊和（まつむら としかず）

甲南女子大学人間科学部生活環境学科 教授／植生学会、日本生態学会、International Association for Vegetation Science

水田畦畔や里山などの身近な植生が研究対象。学生時代に遷移・攪乱・種子散布などの概念で複雑な現象を説明できることに感銘を受けた。しかし、研究を続けるうちに分かったつもりのことが分からないことに気づき始める。趣味でもあるプログラミングを植生データの分析や植生調査に活用する方法を模索している。

山川 博美（やまがわ ひろみ）

森林総合研究所九州支所 主任研究員／日本森林学会・植生学会・森林施業研究会

高校まで長崎県の壱岐島で暮らし、幼少期から植物に興味を持つ。理科教員を目指して教育学部に進むが、大学院から農学部で森林と林業について学ぶ。その後、森の更新を自然再生と林業（造林）の両面から研究を続けている。自然環境と林業の調和を目指して奮闘中。最近は、更新を阻害するシカ被害についても調査している。

山岸 洋貴（やまぎし ひろき）

弘前大学農学生命科学部附属白神自然環境研究センター／日本生態学会、種生物学会、日本植物学会

大学進学直後に出会った小さなエゾアオイスミレがきっかけとなって、植物を追いかけることに夢中になりました。これまでに出逢った植物達や自然を愛する素晴らしい人々に魅了されながらも、野生植物の生活史戦略や植生の変化などに興味を持ち研究活動を行っています。目標は、植物を愛でる若者を一人でも増やすことです。

横川 昌史（よこがわ まさし）

大阪市立自然史博物館 学芸員／日本生態学会、日本植物分類学会、西日本草原研究会

大学1回生の後期、生物学Ⅰという講義の担当教員から鈴鹿山脈のカヤ場の調査に誘われました。石灰岩の台地に登ってみるとカヤ場だった場所は遷移が進んでコナラ・ミズナラ林になっていました。そこで初めて毎木調査をして、種構成を体感して、植生に興味を持ちました。今から思えば初めての調査は草原に関わることでした。

吉川 正人（よしかわ まさと）

東京農工大学大学院農学研究院／植生学会、日本生態学会、日本森林学会

植物群落の種組成（出現種の組み合わせ）の情報から緑の生い立ちや環境との関係を読み解く、植物社会学に基礎を置いた研究を行っている。森林、湿原、河川、海岸、高山から都市緑地まで、緑がある所ならどこでも研究フィールド。どこに行っても、その辺の雑木林や草むらが気になって挙動不審になってしまう。

鷲谷 いづみ（わしたに いづみ）

東京大学 名誉教授／日本生態学会

日高地方のカラマツ林伐採跡地の私設サクラソウ保護地で外来種や競争力の強い植物を鎌で除き、多様性豊かな森林が自然の力で発達するのを見守り、霞ヶ浦湖畔の放棄されたスギ造林地の私設観察林が、赤や黒の実のつく低木がにぎわい、コクラン咲く、高木の多様性も高い「照葉樹林もどき」になっていくのを楽しんでいます。

【解説編】

日本の植生分布

①吉良竜夫. 1971. 日本の森林帯.「生態学からみた自然」(吉良竜夫), 105–141. 河出書房.

②Weng, E。, & Zhou, G. 2006. Modeling distribution changes of vegetation in China under future climate change. Environmental Modeling and Assessment, **11**: 45-58.

③Klestov, P., Omelko, A., Ukhvatkina, O. & Nakamura, Y. 2015. Temperate summergreen forest of East Asia. Berichten der Reinhold-Tüxen-Gesellschaft, **27**: 133-145.

④環境庁自然保護局. 1999. 第5回自然環境保全基礎調査 植生調査報告書. 346pp. 環境庁, 東京.

日本の植生の過去、 現在、 未来

① 塚田松雄 1984. 日本列島における約2万年前の植生図. 日本生態学会誌, **34**: 203–208.

② 福嶋 司・岩瀬 徹(編著) 2005. 図説日本の植生. 朝倉書店, 東京.

③Nakao, K., Matsui, T., Horikawa, M., Tsuyama, I. & Tanaka, N. 2011. Assessing the impact of land use and climate change on the evergreen broad-leaved species of *Quercus acuta* in Japan. Plant Ecology, **212**: 229–243.

④田中信行・井関智裕・北村系子・斎藤 均・津山幾太郎・中尾勝洋・松井哲哉 2016. 北海道におけるブナの潜在生育域と分布北限個体群の実態. 森林立地, **58**: 9–15.

⑤Ohashi, H., Kominami, Y., Higa, M., Koide, D., Nakao, K., Tsuyama, I., Matsui, T. & Tanaka, N. 2016. Land abandonment and changes in snow cover period accelerate range expansions of sika deer. Ecology and Evolution, **6**: 7763–7775.

⑥Matsuhashi, S., Hirata, A., Akiba, M., Nakamura, K., Oguro, M., Takano, T. K., Nakao, K., Hijioka, Y. & Matsui, T. 2020. Developing a point process model for ecological risk assessment of pine wilt disease at multiple scales. Forest Ecology and Management, **463**: 118010.

⑦黒田慶子2011. ナラ枯れの発生原因と対策. 植物防疫, **65**(3): 28-31.

外来種の植生への影響

①環境省https://www.env.go.jp/nature/intro/2outline/invasive.html

②外務省https://www.mofa.go.jp/mofaj/gaiko/kankyo/jyoyaku/bio.html

③環境省 https://www.env.go.jp/nature/intro/1law/index.html

④環境省 https://www.env.go.jp/ press/100775.html

⑤Spatz, D. R., Holmes, N. D., Will, D. J., Hein, S., Carter, Z. T., Fewster, R. M., Keitt, B., Piero Genovesi, P., Samaniego, A., Croll, D. A., Tershy, B. R. & James C. Russell, J. C. 2022. The global contribution of invasive vertebrate eradication as a key island restoration tool. Scientific Reports, **12**: 13391.

⑥前迫ゆり 2022. 照葉樹林に侵入した外来木本種拡散におけるニホンジカの影響. 日本生態学会誌, **72**: 5–12.

⑦島野光司・後藤 智史・小林 剛 2022. 河畔植生における構成種の階層別被度を活用した在来植物群落(コゴメヤナギ高木林)から外来植物群落(ニセアカシア高木林)への推移過程の解析. 日本生態学会誌, **72**: 13–25.

⑧大窪久美子 2022. 外来植物の草原生態系への影響と植生管理. 日本生態学会誌, **72**: 27–33.

⑨稗田 真也 2022. 琵琶湖における特定外来生物ウスゲオオバナミズキンバイの侵入・繁茂について. 日本生態学会誌, **72**: 35–39.

⑩坂田 ゆず 2022. 植食性昆虫を介した外来植物と在来植物の相互作用. 日本生態学会誌, **72**: 41–48.

⑪鷲谷 いづみ 2022. 特集「外来種の定着プロセス－森林, 河川, 湖沼, 草原に侵入した外来種の侵略性と多様性」へのコメント. 日本生態学会誌, **72**: 49–51.

⑫前迫ゆり 2022. 特集「外来種の定着プロセス－森林, 河川, 湖沼, 草原に侵入した外来種の侵略性と多様性」企画趣旨. 日本生態学会誌, **72**: 1–3.

＊：引用文献リストは横書きのため、 始まりは237ページです。 このページは引用文献リストの最終ページです。

③Matsumura, T. & Takeda, Y. 2010. Relationship between species richness and spatial and temporal distance from seed source in semi–natural grassland. Applied Vegetation Science, **13**: 336–345.
④江間 薫・黒田有寿茂・石田弘明 2021. 兵庫県の棚田に分布する畦畔法面草原の種組成・種多様性と気候条件の関係. 植生学会誌, **38**: 161–173.

ため池の淡路島　文化的景観と生態系をどう残す?

①兵庫県淡路県民局洲本土地改良事務所(編)2017. 淡路ため池ものがたり. 兵庫県, 神戸.
②嶺田拓也・石田憲治 2006. 希少な沈水植物の保全における小規模なため池の役割. ランドスケープ研究, **69**: 577–580.
③田中洋次・澤田佳宏・山本聡・藤原道郎・大藪崇司・梅原 徹 2011. 淡路島北部における放棄ため池の現状と水生植物保全上の課題. 農村計画学会誌, **30**: 255–260.
④Toyama, F. & Akasaka, M. 2017. Water depletion drives plant succession in farm ponds and overrides a legacy of continuous anthropogenic disturbance. Applied Vegetation Science, **20**: 549–557.
⑤中島 淳・林 成多・石田和男・北野 忠・吉富博之 2020. ネイチャーガイド 日本の水生昆虫. 文一総合出版, 東京.

オオミズナギドリと島の森

①前迫ゆり. 1985. オオミズナギドリの影響下における冠島のタブノキ林の群落構造. 日本生態学会誌, **35**: 387–400.
②Maesako, Y. 1991. Effect of streaked shearwater *Calonectris leucomelas* on species composition of *Persea thunbergii* forest on Kanmurijima island, Kyoto prefecture, Japan. Ecological research, **6**: 371–378.
③前迫ゆり 1995.京都府冠島の照葉樹林における根上り樹木. 関西自然保護機構会報, **17**: 19–28.
④前迫ゆり 2005.土中営巣性海鳥オオミズナギドリと植生との関係. 植生情報, **9**: 48–55.
⑤ Maesako, Y. 1999a. Impacts of streaked shearwater (*Calonectris leucomelas*) on tree seedling regeneration in a warm-temperate evergreen forest on Kanmurijima Island, Japan. Plant Ecology, **145**: 183–190.
⑥前迫ゆり 2003.オオミズナギドリ繁殖地におけるタブノキの実生生長と照葉樹林の保全.野生生物保護学会誌, **8**: 11–17.
⑦前迫ゆり 2002. 土中営巣性海鳥生息地におけるタブノキ実生の初期生長. 植生学会誌, **19**: 33–41.

農業により育まれる二次的自然~日本・世界農業遺産認定地から

①Kusumoto,Y. & Inagaki, H. 2010. Symbiosis of biodiversity and tea production through Chagusaba. Journal of resources and ecology, **7**(3): 151–154.
②稲垣栄洋・楠本良延 2016. 静岡の茶草場農法. 農村計画学会, **35**(3): 365–368.

茅を育て、 文化を守り伝える草原

①小谷一央・尾関雅章・井田秀行 2014. 長野県小谷村の伝統的カヤ場に自生するススキ属. 信州大学教育学部附属志賀自然教育研究施設研究業績, **51**: 13–14.
②井田秀行 2020. 牧の入茅場の生態.「信州小谷村 カリヤス 刈る 葺く 施す」(一般社団法人日本茅葺き文化協会編), 7–35. 一般社団法人日本茅葺き文化協会, つくば.
③井田秀行・森谷まみ 2019. カリヤスの茅葺き屋根が長持ちするのはなぜか?「茅場(フリーペーパー) vol. 2」(茅場研究チーム編), 6–9. 茅場研究チーム(代表 廣田充), つくば.
④池谷友希子・井田秀行 2008. 長野県小谷村に残る伝統的茅場の植物相. 信州大学教育学部附属志賀自然教育研究施設研究業績 **45**: 1–6.
⑤松澤敬夫 2022. 草の命を葺く. 風來社, 長野.

㉑前迫ゆり 2021. 特集 外来種の定着プロセス－森林, 河川, 湖沼, 草原に侵入した外来種の侵略性と多様性: 照葉樹林に侵入した外来木本種の拡散にニホンジカが与える影響. 日本生態学会誌, **72**: 5–12.

㉒前迫ゆり・幸田良介・佐々木 奨・杉浦聖斗・花谷祐哉 2018. 世界遺産春日山原始林におけるニホンジカの森林利用. 地域自然史と保全, **40**: 83–91.

㉓前迫ゆり・高槻成紀(編著) 2015. シカの脅威と森の未来: シカ柵による植生保全の有効性と限界.文一総合出版, 東京.

残された綾の照葉樹林

①田内裕之・山本進一 1991. 綾照葉樹林の種組成および林分構造. 日本林学会論文集, **102**: 409–410.

②Tanouchi, H. & Yamamoto, S. 1995. Structure and regeneration of canopy species in an old–growth evergreen broad-leaved forest in Aya district, southwestern Japan. Vegetatio, **117**: 51–60.

③Sato, T., Kominami, Y., Saito, S., Niiyama, K., Manabe, T., Tanouchi, H., Noma, N. & Yamamoto, S. 1999. An introducdon to the Aya reaerch site, a long–term ecological research site, in a warm temperare evergreen broad-leaved forest ecosystem in southwestern Japan: research topics and design. Bulletin of The Kitakyushu Museum of Natural History, **18**: 157–180.

④永松 大・小南陽亮・佐藤 ・齊藤 哲. 2002. 綾照葉樹林の個体群構造と更新. 九州森林研究, **55**: 50–53.

⑤Saito, S. 2002. Effects of a severe typhoon on forest dynamics in a warm-temperate evergreen broad-leaved forest in southwestern Japan. Journal of Forest Research, **7**: 137–143.

⑥齊藤 哲・佐藤 保. 2007. 照葉樹林の主要樹種の台風被害の特性—綾LTERサイトにおける複数の台風攪乱の比較解析—. 日本森林学会誌, 89(5), 321–328.

⑦林裕美子・河野耕三・月脚祐子・柏田ひろみ・前田真紀・谷口実智代・相馬美佐子・石田達也・杉原木三(編) 2009. 綾の森と暮らす. てるはの森の会, 綾町.

⑧西脇亜也 2017. ニホンジカが綾の森を食べはじめた時期と場所を探る. 照葉樹林だより, **48**: 2.

⑨服部保・栃本大介・南山典子・橋本佳延・藤木大介・石田弘明 2010. 宮崎県東諸県郡綾町川中の照葉原生林におけるニホンジカの採食の影響. 植生学会誌, **27**(1): 35–42.

⑩室木直樹・河野円樹・河野耕三 2018. 宮崎県綾地域のスギ人工林における間伐が照葉樹林化に与える効果. 九州森林研究, **71**: 7–14.

【人の暮らしとともに】

阿蘇に広がる草原の植物のすみ場所をつくるさまざまな攪乱

①岩波悠紀 1972. 本邦草地における火入れ温度の測定 : 第5報 火入れ温度の総合考察(1). 日本草地学会誌 **18**: 135–143.

②岩波悠紀 1972. 本邦草地における火入れ温度の測定 : 第6報 火入れ温度の総合考察(2). 日本草地学会誌 **18**: 144–151.

③Kawano, T., Sasaki, N., Hayashi, T., Takahara, H. 2012. Grassland and fire history since the late-glacial in northern part of Aso Caldera, central Kyusyu, Japan, inferred from phytolith and charcoal records. Quaternary International, **254**:18–27.

④Miyabuchi, Y., Sugiyama, S. & Nagaoka, Y. 2012. Vegetation and fire history during the last 30,000 years based on phytolith and macroscopic charcoal records in the eastern and western areas of Aso Volcano, Japan. Quaternary International, **254**:28–35.

⑤南谷忠志 2015. 阿蘇地域における植物相の特徴. 分類, **15**:1–10.

⑥増井太樹・横川昌史・高橋佳孝・津田 智 2018. 熊本県阿蘇地域における斜面崩壊後4年目および26年目の半自然草原植生. 日本緑化工学会誌, **44**:352–359.

棚田の畦畔を彩る植物

①松村俊和 2002. 整備方法の違いが水田畦畔法面植生に与える影響. ランドスケープ研究, **65**: 595–598.

②松村俊和・武田義明 2008. 水田畦畔法面の二次草原における管理放棄後の年数と種組成・種多様性との関係. 植生学会誌, **25**: 131–137.

⑫近藤玲介・横地 穣・井上 京・宮入陽介・冨士田裕子・横山祐典 2020. 北海道東部, 根釧台地における海成段丘上の湿原の形成年代. 日本地理学会発表要旨集(2020年度日本地理学会春季学術大会).

【シカの脅威を考える】

樹木とササとシカの相互作用が森林を変える

① Akashi, N. & Nakashizuka, T. 1999. Effect of bark–stripping by sika deer (*Cervus nippon*) on population dynamics of a mixed forest in Japan. Forest Ecology and Management, **113**: 75–82.
② 横山昌太郎 2009. 食われると姿を変えるササ.「大台ケ原の自然誌」(柴田叡弌・日野輝明 編著), 98–107. 東海大学出版会, 秦野.
③ 中静 透・阿部友樹 2015. 大台ヶ原のブナ林の30年.「シカの脅威と森の未来」(前迫ゆり ・高槻成紀編), 137–145. 文一総合出版, 東京.

文化を育む照葉樹林とシカの葛藤

①多川俊映 2013. 春日山と興福寺－神仏・自然と人間の交流の場.「世界遺産春日山原始林—照葉樹林とシカをめぐる生態と文化—」(前迫ゆり編), 2–13. ナカニシヤ出版, 京都.
②文化庁国指定文化財データベース. https://kunishitei.bunka.go.jp/bsys/index
③文化庁文化遺産オンライン. https://bunka.nii.ac.jp/
④Naka, K. 1982. Community dynamics of evergreen broadleaf forests in southwestern Japan. I. Wind damaged trees and canopy gaps in an evergreen oak forest. The Botanical Magazine, **95**: 385–399.
⑤菅沼孝之・高橋素代　1994.春日山原始林および隣接地の山林火災跡地の回復状況(2).奈良植物研究, **14**: 29–40.
⑥前迫ゆり 2010. 世界遺産春日山照葉樹林のギャップ動態と種組成. 社叢学研究, **8**: 60–70.
⑦前迫ゆり・松村みちる・和田恵次 2006. 奈良公園におけるニホンジカの樹皮剥ぎ. 植生学会誌, **23**: 69–78.
⑧依田綾子・前迫ゆり・名波 哲・神崎 護 2014. 春日山原始林におけるツクバネガシの種子および当年生実生の初期動態. 地域自然史と保全, **36**: 59–66.
⑨Suzuki, R., Kato, T., Maesako, Y. & Furukawa, A. 2009. Morphological and population responses to deer grazing for herbaceous species in Nara Park, western Japan. Plant Species Biology, **24**: 145–155.
⑩前迫ゆり 2001. 奈良公園および春日山原始林におけるシカの採食に対する変化. 奈良植物研究, **23**: 21–25.
⑪前迫ゆり, 鈴木 亮, 平芝 健, 西浦大智 2018. 照葉樹林に生育する不嗜好植物クリンソウに対するニホンジカの採食.地域自然史と保全, **40**: 23–33.
⑫Suzuki, R., Maesako, Y. & Matsuyama, S. 2020. Severe grazing pressure on an unpalatable plant, *Primula japonica*, and its potential chemical compound for grazing defence in a long term deer grazing habitat. Vegetation Science **37**: 101–107.
⑬小池巧馬, 辻野 亮, 加藤禎孝 2021. 奈良公園におけるイラクサの分布と占有面積に与える環境要因の影響 .奈良植物研究 (**41–42**): 1–8.
⑭前迫ゆり 2002. 保護獣ニホンジカと世界遺産春日山原始林の共存を探る. 植生学会誌, **19**: 61–67.
⑮前迫ゆり 2006. 春日山原始林—地域固有の生態系を未来に残す.「世界遺産をシカが喰う　シカと森の生態学」(湯本貴和・松田裕之編), 147–167. 文一総合出版, 東京.
⑯前迫ゆり(編) 2013. 世界遺産春日山原始林—照葉樹林とシカをめぐる生態と文化—. ナカニシヤ出版, 京都.
⑰Watanabe, S. & Maesako, Y. 2021 Co–occurrence pattern of congeneric tree species provides conflicting evidence for competition relatedness hypothesis. Peer J. –Life and Environment. https://peerj.com/articles/12150/
⑱前迫ゆり. 2004. 春日山原始林の絶滅危惧種ホンゴウソウ. 関西自然保護機構会報, **26**: 65–67.
⑲Maesako, Y., Nanami,S. & Kanzaki, M. 2007. Spatial distribution of two invasive alien species, *Podocarpus nagi* and *Sapium sebiferum*, spreading in a warm-temperate evergreen forest of the Kasugaya ma Forest Reserve, Japan. Vegetation Science **24**: 103–112.
⑳山倉拓夫・大前義男・名波 哲・伊東 明・神崎 護 2000. 御蓋山ナギ林の分布拡大I. 諸説外観. 関西自然保護機構会誌, **22**: 173–184.

16–17.
③西脇亜也・田島有貴 2011. 外来牧草が侵入・優占する草地と優占しない草地. 日本草地学会誌(別), **57**: 8.
④西脇亜也 2016. 都井岬における外来植物の増加に及ぼす御崎馬の排糞による種子散布の影響. 宮崎の自然と環境, **1**: 8–10.
⑤西脇亜也・桑畑成美 2018. ミサキウマの排糞による種子散布について.日本草地学会誌(別), **6**: 19.

日本に砂漠? 自然の変化を見守る楽しみ

①貝塚爽平・小池一之・遠藤邦彦・山崎晴雄・鈴木毅彦(編) 2000.「日本の地形 (4) 関東・伊豆小笠原」. 東京大学出版会, 東京.
②日本沙漠学会(編) 2020.沙漠学事典. 504pp. 丸善出版, 東京.
③Undarmaa, J., Okuro, T., Nyamtseren, Z., Manibazar, N. & Yamanaka, N. (Eds.) 2020. Rangeland plants of Mongolia. V. 2, Second edition. 520pp. Munkhiin Useg.
④伊豆諸島植生研究グループ 2020.伊豆諸島の種子植物とその生態－伊豆諸島の植物ガイド 種子植物編－. 伊豆諸島植生研究グループ, つくば.
⑤伊豆大島ジオパーク推進委員会 https://izuoshima-geo.org/

変わりゆく湿原植物の宝庫

①坂口 豊 1989. 尾瀬ヶ原の自然誌. 中央公論社, 東京.
②宮脇 昭・藤原一繪 1970. 尾瀬ヶ原の植生. 国立公園協会, 東京.
③内藤俊彦・木村吉幸 1999. 尾瀬のニホンジカ.「尾瀬の総合研究」(尾瀬総合学術調査団編), 725–739. 尾瀬総合学術調査団事務局, 前橋.
④吉川正人・星野義延・大志万菜々子・大橋春香 2001. 尾瀬ヶ原の湿原植物群落に生じたシカ増加前後50年間の種組成変化. 植生学会誌, **38**: 95–117.
⑤吉川正人・星野義延・大橋春香・大志万菜々子・長野祈星 2022. シカの採食影響に対する尾瀬ヶ原の湿原植物群落の脆弱性評価. 低温科学, **80**: 491–505.

道東湿原めぐり

①橘ヒサ子 2003. 北海道の湿原植生とその保全.「北海道の湿原」(辻井達一・橘ヒサ子編著), 285–301. 北海道大学図書刊行会, 札幌.
②冨士田裕子 1997. 北海道の湿原の現状と問題点.「財団法人自然保護助成基金1994・1995年度研究助成報告書 北海道の湿原の変遷と現状の解析－湿原の保護を進めるために」(北海道湿原研究グループ編), 231–237. 財団法人自然保護助成基金, 東京.
③小林春毅・冨士田裕子 2019. 北海道湿地目録2016: 湿地の概要と保護状況. 保全生態学研究, **24**: 11–30.
④Takashimizu, Y., Shibuya, T., Abe, Y., Otsuka, T., Suzuki, S., Ishii, C., Miyama, Y., Konishi, H. & Hu, S.G. 2016. Depositional facies and sequence of the latest Pleistocene to Holocene incised valley fill in Kushiro Plain, Hokkaido, northern Japan. Quaternary International, **397**: 159–172.
⑤辻井達一・橘ヒサ子(編著) 2003. 北海道の湿原と植物. 北海道大学図書刊行会, 札幌.
⑥辻井達一・岡田 操 2007. 霧多布湿原ー海岸の湿原⑤.「北海道の湿原」(辻井達一・岡田 操・高田雅之編著), 64–67. 北海道新聞社, 札幌.
⑦田中瑞穂 1959. 北海道東部湿原の群落学的研究(第2報)霧多布湿原植物群落の構造. 北海道学芸大学紀要(第二部), **10**: 112–125.
⑧橘ヒサ子・冨士田裕子・佐藤雅俊・赤坂 准1997. 霧多布湿原の植生.「財団法人自然保護助成基金1994・1995年度研究助成報告書 北海道の湿原の変遷と現状の解析－湿原の保護を進めるために－」(北海道湿原研究グループ編), 111–129. 財団法人自然保護助成基金, 東京.
⑨加藤ゆき恵 2019. 霧多布湿原の植生(2017年度モニ1000調査より). 植生情報, **23**: 38–44.
⑩加藤ゆき恵 2020. (3) 霧多布湿原サイト.「モニタリングサイト1000陸水域調査(湖沼・湿原)2009–2017年度とりまとめ報告書」, 115–118. 環境省自然環境局生物多様性センター, 富士吉田.
⑪五十嵐八枝子・五十嵐恒夫・遠藤邦彦・山田 治・中川光弘・隅田まり 2001. 北海道東部根室半島・歯舞湿原と落石岬湿原における晩氷期以降の植生変遷史. 植生史研究, **10**: 67–79.

安藤久次・宮田賢二・堀 信行・海津正倫・新見 治編), 146–158. 岩波書店, 東京.

氷期から現在へ―生きた化石たちが語る日本の植生変遷

① 守田益宗 2000. 最終氷期以降における亜高山帯植生の変遷－気候温暖期に森林帯は現在より上昇したか？－. 植生史研究, **9**: 3–20.
② Shitara, T., Nakamura, Y., Matsui, T., Tsuyama, I. Ohashi, H. & Kamijo, T. 2018. Formation of disjunct plant distributions in Northeast Asia: a case study of *Betula davurica* using a species distribution model. Plant Ecology, **219**: 1105–1115.
③ Shitara, T., Fukui, S., Matsui, T., Momohara, A., Tsuyama, I., Ohashi, H., Tanaka, N. & Kamijo, T. 2021. Climate change impacts on migration of *Pinus koraiensis* during the Quaternary using species distribution models. Plant Ecology, **222**: 843–859.
④ 大場忠道 1983. 最終氷期以降の日本海の古環境. 月刊地球 **5**: 37–46.
⑤ IPCC 2022. The IPCC sixth assessment report on climate change impacts. Population and Development Review, **48**: 629–633.
⑥ Krestov, P. V., Song, J. S., Nakamura, Y. & Verkholat, V. P. 2006. A phytosociological survey of the deciduous temperate forests of mainland Northeast Asia. Phytocoenologia **36**: 77–150.
⑦ 長池卓男 2014. ヤエガワカンバが出現するミズナラ二次林における10年間の林分動態. 山梨県森林総合研究所研究報告, **33**: 9–13.
⑧ 百原 新 2014 房総半島の植物相・植生の発達史―冷温帯性植物の残存について. 分類, **14**: 1–8.

高山のお花畑 植物たちの逃避地

①石田祐子・武生雅明・中村幸人 2021. 北アルプス後立山連峰北部における高山荒原の種組成と環境要因. 生態環境研究(ECO–HABITAT), **27**(1):11–25.
②石田祐子・松江大輔・井上亮平・小松(谷津倉)勇太・武生雅明・中村幸人 2022. 北アルプス後立山連峰北部における広葉草原の種組成と成立要因. 植生学会誌, **39**(1): 15–29.
③池田 啓 2014. DNA 解析から明らかにされてきた日本産高山植物の生物地理. 分類, **14**(2): 145–151.
④中村幸人 1987. 中部山岳以西の亜高山性植生および高山性植生の植物社会学的研究―その2. 植生単位の分布特性―. 横浜国立大学環境科学研究センター紀要, **14**: 83–107.
⑤中村幸人 2009. 日本列島の高山植生(大陸の植生).「高山植物学」(増沢武弘編著), 69-84. 共立出版, 東京.
⑥清水建美 1983. 原色新日本高山植物図鑑(II). 保育社, 大阪.

仙台城の御裏林・青葉山

①大山幹成・津久井孝博 2015. 天然記念物「青葉山」における樹木管理方法. 樹木医学研究, **19**: 155–158.
②内藤俊彦・持田幸良1990. 仙台城址およびその周辺地域の植生.「仙台城址の自然-仙台城跡自然環境総合調査報告―」(加藤陸奥雄・中川久夫・大橋広好編), 137–148. 仙台市教育委員会, 仙台市.
③平吹喜彦 2005. 太平洋岸北限域のカシ類. 森林科学, **44**: 32–36.
④野嵜玲児2005. 中間温帯.「図説日本の植生」(福島司・岩瀬徹編著)62–63. 朝倉書店, 東京.
⑤立石庸一・黒沢高秀・梶田忠 1993. 東北大学理学部附属植物園自生植物目録 第4版. 東北大学理学部附属植物園.
⑥若松伸彦・石田祐子・深町篤子・比嘉基紀・吉田圭一郎・菊池多賀夫 2017. モミ-イヌブナ林の50年間の林分構造の変化. 植生学会誌, **34**: 39–53.
⑦東北大学植物園 2009. 青葉山植物園ガイドブック 植物園に行こう. 東北大学出版会.

【樹木のない自然】

続かないはずの放牧が300年以上続いた草地の謎

①西脇亜也 2009. 都井岬のシバ型草地における現存量と被食量および再生量の8年間の変動. 日本草地学会誌(別), **55**: 2.
②西脇亜也 2007. 都井岬草原に侵入した外来牧草の優占状況の8年間の推移について. 日本草地学会誌(別), **53**:

【海と植物】

砂丘の植物をどう守る?　今とこれから

①鐵 慎太朗・黒田有寿茂・石田弘明 2017. 絶滅危惧種トウテイラン（オオバコ科）の分布・生育立地と現存個体数. 植物地理・分類研究, **65**: 69–75.
②永松 大 2010. 浦富海岸鴨ヶ磯（鳥取県岩美町）の植生構造. 山陰自然史研究, **5**: 1–7.
③小玉芳敬・永松 大・高田健一（編）2017. 鳥取砂丘学. 古今書院, 東京.
④永松 大・道脇加奈 2021. 人の踏みつけと川からの距離が海浜植物コウボウシバ（*Carex pumila* Thunb.）の生育に与える影響. 日本緑化工学会誌, **47**: 87-92.
⑤澤田佳宏 2014. 海浜植物のレッドリスト記載状況と保全上の課題. 景観生態学, **19**: 25–34.
⑥Kuroda, A. & Sawada, Y. 2019. Species-area relationships in isolated coastal sandy patches: implications for the conservation of beach-dune flora in a rocky coastal region of western Japan. Applied Vegetation Science, **22**: 522–533.
⑦Kuroda, A. & Tetsu, S. 2017. Vegetation zonation and distribution of threatened dune plant species along shoreline-inland gradients on sandy coasts in the eastern part of the San'in region, western Japan. Vegetation Science, **34**: 23–37.

風雪が作り出した芸術作品ー異形の天然スギ

①河島克久・伊豫部勉　2011. 大佐渡山地の霧と気象. 新潟応用地質研究会誌, **76**: 55–60.
②長島崇史・木村 恵・津村義彦・本間航介・阿部晴恵・崎尾 均 2015. 台風と積雪がスギのクローン構造に与える影響. 日本森林学会誌, **97**: 19–24.

大津波から、着々と回復中

①日本生態学会東北地区会（編）2016. 生態学が語る東日本大震災―自然界に何が起きたのか―. 文一総合出版, 東京.
②富田瑞樹 2016. 津波後の海岸林に残された生物学的遺産.「生態学が語る東日本大震災―自然界に何が起きたのか―」（日本生態学会東北地区会編）, 130–136. 文一総合出版, 東京.
③岡浩平・平吹喜彦（編）2021. 大津波と里浜の自然誌. 蕃山房, 仙台.
④鈴木まほろ 2016. 津波後の湿地によみがえった花.「生態学が語る東日本大震災―自然界に何が起きたのか―」（日本生態学会東北地区会編）, 138–143. 文一総合出版, 東京.
⑤石川淳一 2015. 仙台湾南部海岸における環境配慮「掘削残砂の活用による海浜植物保全の試み」. 景観生態学, **20**: 75–81.
⑥黒沢高秀 2016. 津波被災地で行われている復旧・復興事業と保全.「生態学が語る東日本大震災―自然界に何が起きたのか―」（日本生態学会東北地区会編）, 164–170. 文一総合出版, 東京.
⑦島田直明 2016. 復旧事業における海浜植物の保全対策－十府ヶ浦の事例.「生態学が語る東日本大震災―自然界に何が起きたのか―」（日本生態学会東北地区会編）, 177–182. 文一総合出版, 東京.

【寒さと植物】

西日本最高峰に残された森林と草原

① 石鎚山系総合学術調査団（編）1960. 石鎚山系の自然と人文: 石鎚山系総合学術調査報告. 愛媛新聞社事業部, 松山.
②山本貴仁・松井宏光・丹下一彦・岡山健二・矢野真志・豊田康二・新山隆朝 2006. 石鎚山系自然観察ガイド. アトラス出版, 松山.
③岡山健二 2009. 石鎚山系学びのフィールドミュージアム. 愛媛新聞社, 松山.
④杉田久志・清水長正 2002. 石鎚山.「百名山の自然学－西日本編－」（清水長正編）, 100–101. 古今書院, 東京
⑤ワース ,ジェームズ・レイモンド・ピーター・津山幾太郎・菊地 賢・逢沢峰昭 2018. 四国・石鎚山系においてコメツガ南限集団を確認する. 植物地理・分類研究, **66**: 185–192.
⑥海津正倫 1995. 瀬戸内の南にそびえる険しい山々―四国の山地.「日本の自然 地域編6 中国四国」（中村和郎・

②田川日出夫 1999.鹿児島の生態環境. 南方新社, 鹿児島.

③Tagawa, H. 1964. A study of the volcanic vegetation in Sakurajima, south-west Japan. I. Dynamics of vegetation. Memoirs of the faculty of science, Kyushu University, Series E, (Biology), **3**: 166–229.

④宮脇 昭(編) 1976. 薩摩半島南部植生調査報告書. プレック研究所, 東京.

⑤宇都 誠一郎・鈴木 英治 2002.桜島の昭和溶岩と大正溶岩における86年間の植生遷移：基質と種子供給源からの距離の影響. 日本生態学会誌, **52**: 11–24.

⑥服部 保・南山典子・岩切康二・栃本大介 2012.照葉樹林帯の植生一次遷移－特に桜島の溶岩原°について－. 植生学会誌, **29**: 75–90.

⑦寺田仁志・川西基博 2015.大正噴火後100 年を経過した桜島の植生について. 鹿児島県立博物館研究報告, **34**: 29–48.

⑧寺本行芳・下川悦郎・河野修一・全 槿雨・金 錫宇・土居幹治・松本淳一 2018.火山活動が桜島の周辺斜面における森林の遷移と土壌浸透能に及ぼす影響. Journal of Rainwater Catchment Systems, **23**(2): 35–41.

⑨東 正志 2013.桜島における松くい虫被害量とマツノマダラカミキリ発生数について. 鹿児島県森林技術総合セ研報, **16**: 29–31.

⑩曽根晃一・安田奈津子・大隈浩美・福山周作・永野武志 2010.桜島の溶岩台地上に生育するクロマツのマツ材線虫病に対する抵抗性. 鹿児島大学農学部演習林研究報告, **37**: 29–36.

⑪財団法人鹿児島県環境技術協会(編) 1998.かごしまの天然記念物データブック. 南日本新聞社, 鹿児島.

⑫鹿児島県立博物館「博物館所蔵「桜島大正噴火写真」一覧」http://www.pref.kagoshima.jp/bc05/hakubutsukan/documents/sakurajima1903eruption.html. 2022年9月閲覧

⑬古居智子 2016.ウィルソンが見た鹿児島: プラントハンターの足跡を追って. 南方新社, 鹿児島.

⑭川辺禎久・中野 俊 2010. 山口鎌次氏撮影の桜島噴火写真. 地質調査総合センター研究資料集 no.525, CD–ROM.

火山と照葉樹林の島々

①大場達之 1971. 御蔵島の植生. 神奈川県立中央博物館研究報告, **1**: 25–53.

②貝塚爽平・小池一之・遠藤邦彦・山崎晴雄・鈴木毅彦(編) 2000.「日本の地形 (4) 関東・伊豆小笠原」. 東京大学出版会, 東京.

③上條隆志・川越みなみ・宮本雅人 2011. 三宅島 2000 年噴火後の植生変化. 日本生態学会誌, **61**(2): 157–165.

④高橋俊守・加藤和弘・上條隆志 2011. 衛星リモートセンシングによる三宅島 2000 年噴火後の植生モニタリング. 日本生態学会誌, **61**(2): 167–175.

⑤Kamijo, T., Kitayama, K., Sugawara, A., Urushimichi, S. & Sasai, K. 2002. Primary succession of the warm-temperate broad-leaved forest on a volcanic island, Miyake-jima, Japan. Folia Geobotanica, **37**(1): 71–91.

⑥Kamijo, T., Kawagoe, M., Kato, T., Kiyohara, Y., Matsuda, M., Hashiba, K. & Shimada, K. 2008. Destruction and recovery of vegetation caused by the 2000-year eruption on Miyake-jima Island, Japan. Journal of Disaster Research, **3**(3): 226–235.

⑦Begon, M. & Townsend, C. R. 2020. Ecology: from individuals to ecosystems. John Wiley & Sons.

⑧Kamijo, T., Isogai, T., Hoshino, Y. & Hakamada, H. 2001. Altitudinal zonation and structure of warm-temperate forests on Mikura-jima Island, Izu Islands, Japan. Vegetation science, **18**(1): 13–22.

⑨Zhang, X., Li, H., Hu, X., Zheng, P., Hirota, M. & Kamijo, T. 2021. Photosynthetic properties of co–occurring pioneer species on volcanically devastated sites in Miyake-jima Island, Japan. Plants, **10**(11): 2500.

⑩Zhang, X., Li, H., Hu, X., Zheng, P., Hirota, M. & Kamijo, T. 2020. Photosynthetic properties of *Miscanthus condensatus* at volcanically devastated sites on Miyake-jima Island. Plants, **9**(9): 1212.

⑪伊豆諸島植生研究グループ 2020.伊豆諸島の種子植物とその生態－伊豆諸島の植物ガイド種子植物編－. 伊豆諸島植生研究グループ.

⑫大間知篤三 1971.伊豆諸島の社会と民俗. 慶友社, 東京.

⑬田中 亘. 2018. 東京都御蔵島村におけるツゲ材生産の変遷と現在 部分林制度を中心として. 林業経済研究, **64**(3): 16–25.

eradication of alien herbivore mammals: rapid expansion of an invasive alien tree, *Casuarina equisetifolia* (Casuarinaceae). Journal of Forest Research, **16**(6): 484–491.

シカを減らすとどうなるか?

①梶 光一 1988. 第五章 エゾシカ.「知床の動物」(大泰司紀之・中川 元編),155–180. 北海道大学図書刊行会,札幌.
②梶 光一・宮木雅美・宇野裕之(編著) 2006. エゾシカの保全と管理. 北海道大学出版会, 札幌.
③岡田秀明・鈴木正嗣・増田 泰 2000. エゾシカ.「知床のほ乳類1 しれとこライブラリー②」(斜里町立知床博物館編), 10–73. 北海道新聞社, 札幌.
④梶 光一・岡田秀明・小平真佐夫・山中正実 2006. 第2章4節 知床国立公園のエゾシカの群れ.「世界自然遺産 知床とイエローストーン」(デール マッカロー・梶 光一・山中正実編著), 43–55. 知床財団, 斜里町.
⑤舘脇 操(編著) 1966. 知床岬の植生:植物群落と土壌. 日本森林植生研究会, 札幌.
⑥佐藤 謙 1981. 第V章 海岸植生.「知床半島自然生態系総合調査報告書(総説・植物篇)」(北海道生活環境部自然保護課編), 157–173. 北海道.
⑦斜里町立知床博物館(編) 2007. 知床の植物II　しれとこライブラリー⑦. 北海道新聞社, 札幌.
⑧斜里町立知床博物館(編) 2010. 知床の自然保護　しれとこライブラリー⑩. 北海道新聞社, 札幌.
⑨環境省・林野庁・文化庁・北海道 2009. 知床世界自然遺産地域管理計画.
⑩常田邦彦・鳥居敏男・宮木雅美・岡田秀明・小平真佐夫・石川幸男・佐藤 謙・梶 光一 2004. 知床を対象とした生態系管理としてのシカ管理の試み. 保全生態学研究, **9**: 193–202.
⑪知床財団 2010. 平成 21(2009)年度知床世界自然遺産地域生態系モニタリング調査業務報告書. 環境省.
⑫北海道森林管理局 2011. 平成 22 年度知床における森林生態系保全・再生対策事業(広域調査)報告書. 北海道森林管理局.
⑬知床財団 2008. 平成 20(2008)年度(春期) 知床岬エゾシカ密度操作実験業務報告書. 環境省.
⑭松田裕之 2015. 知床のシカ捕獲と柵と保護区の未来.「シカの脅威と森の未来」(前迫ゆり・高槻成紀編著), 211–219. 文一総合出版, 東京.
⑮さっぽろ自然調査館 2021. 令和2年度知床生態系維持回復事業エゾシカ食害状況評価に関する植生調査業務報告書. 環境省.

深きブナの森に囲まれた小さなお花畑

①IUCN 1993. WORLD HERITAGE NOMINATION – IUCN TECHNICAL EVALUATION **663**: SHIRAKAMI (JAPAN). ICUN, Gland.
②八木浩司・齋藤宗勝・牧田 肇 1999. 白神の意味. 自湧社, 盛岡.
③川合由加・工藤 岳2014. 大雪山国立公園における高山植生変化の現状と生物多様性への影響. 地球環境, **19**: 23–32.

【火山の国の植物たち】

森林限界は上昇する

①Sakio, H. & Masuzawa, T. 2020. Advancing timberline on Mt. Fuji between 1978 and 2018. Plants, **9**: 1537.
②Masuzawa, T. 1985. Ecological studies on the timberline of Mt. Fuji I. Structure of plant community and soil development on the timberline. Botanical Magazine Tokyo, **98**: 15–28.
③Tranquillini, W. 1979. Physiological ecology of the alpine timberline: Tree existence at high altitude with special reference to the European Alps. Springer, Berlin/Heidelberg.
④Sakio, H. & Masuzawa, T. 2012. The advancing timberline on Mt. Fuji: Natural recovery or climate change? Journal of Plant Research, **125**: 539–546.

溶岩がつくる一次遷移のタイムラプス

①小林哲夫・味喜大介・佐々木 寿・井口正人・山元孝広・宇都浩三 2013.桜島火山地質図(第2版). 産総研 地質調査総合センター .

生きものの進化過程が見える乾性低木林

①小野幹雄・奥富清(編著) 1985.小笠原の固有植物と植生. アボック社, 東京.

②貝塚爽平・小池一之・遠藤邦彦・山崎晴雄・鈴木毅彦(編) 2000.「日本の地形 (4) 関東・伊豆小笠原」. 東京大学出版会, 東京.

③町田洋・太田陽子・河名俊男・森脇広・長岡信治(編) 2001.「日本の地形 (7)九州・南西諸島」. 東京大学出版会, 東京.

④岡 秀 一 1989. 気候 自然環境「日本植生誌 沖縄 ・小笠原」(宮脇昭編著), 76–80.至文堂,東京.

⑤清水善和 2018. 小笠原諸島父島の乾性低木林における 41 年間の個体群動態(予報). 小笠原研究年報, 41, 89–104.

⑥Shimizu, Y. 1992. Origin of *Distylium* dry forest and occurrence of endangered species in the Bonin Islands. Pacific Science, **46**(2): 179–196.

⑦豊田武司 2014.小笠原諸島 固有植物ガイド. ウッズプレス, 南足柄.

⑧Yagi, H., Xu, J., Moriguchi, N., Miyagi, R., Moritsuka, E., Sato, E., Sugai, K., Suzuki, S., Torimaru, T., Yamaomoto, T., Yamamoto, S., Takahashi, A., Tamura, K., Tachida, H., Teshima, K. M. & Kusumi, J. 2019. Population genetic analysis of two species of *Distylium*: *D. racemosum* growing in East Asian evergreen broad-leaved forests and *D. lepidotum* endemic to the Ogasawara (Bonin) Islands. Tree Genetics & Genomes, **15**(6): 1–12.

⑨Takayama, K., Ohi–Toma, H., Kudoh, H., T. & Kato, H. 2005. Origin and diversification of *Hibiscus glaber*, species endemic to the oceanic Bonin Islands, revealed by chloroplast DNA polymorphism. Molecular Ecology, **14**(4): 1059–1071.

⑩Shimizu, Y. & Tabata, H. 1991. Forest structure, composition, and distribution on a Pacific island, with reference to ecological release and speciation. Pacific Science, **45**(1): 28–49.

⑪Kudoh, H., Takayama, K. & Kachi, N. 2013. Loss of seed buoyancy in *Hibiscus glaber* on the oceanic Bonin Islands. Pacific Science, **67**(4): 591–597.

⑫東京都小笠原支庁 2018.世界自然遺産小笠原諸島について. https://www.soumu.metro.tokyo.lg.jp/07ogasawara/nature/wnhogasawara.html.

⑬安部哲人 2019. 海洋島の森の特徴と憂鬱. 森林科学, **86**: 3–6.

⑭吉田圭一郎・岡 秀一 2000. 小笠原諸島母島においてギンネムの生物学的侵入が二次植生の遷移と種多様性に与える影響. 日本生態学会誌, **50**(2): 111–119.

⑮Hata, K., Kato, H. & Kachi, N. 2010. Litter of an alien tree, *Casuarina equisetifolia*, inhibits seed germination and initial growth of a native tree on the Ogasawara Islands (subtropical oceanic islands). Journal of Forest Research, **15**(6): 384–390.

⑯Fukasawa, K., Koike, F., Tanaka, N. & Otsu, K. 2010. Predicting future invasion of an invasive alien tree in a Japanese oceanic island by process–based statistical models using recent distribution maps. In: Restoring the oceanic island ecosystem: impact and management of invasive alien species in the Bonin Islands (eds. Okochi, I. & K. Kawakami), 173–183. Springer, Tokyo.

⑰Tanaka, N., Fukasawa, K., Otsu, K., Noguchi, E. & Koike, F. 2010. Eradication of the invasive tree species *Bischofia javanica* and restoration of native forests on the Ogasawara Islands. In: Restoring the oceanic island ecosystem: impact and management of invasive alien species in the Bonin Islands (eds. Okochi, I. & K. Kawakami), 161–171. Springer, Tokyo.

⑱畑 憲治・可知直毅 2009. 小笠原諸島における野生化ヤギ排除後の外来木本種ギンネムの侵入(小笠原における外来種対策とその生態系影響). 地球環境, **14**(1): 65–72.

⑲鈴木 創・堀越和夫・佐々木哲朗・川上和人 2019. 小笠原諸島聟島列島におけるノヤギ排除後の海鳥営巣数の急激な増加. 日本鳥学会誌, **68**(2): 273–287.

⑳川上和人 2019. 小笠原諸島における撹乱の歴史と外来生物が鳥類に与える影響. 日本鳥学会誌, **68**(2): 237–262.

㉑畑 憲治・可知直毅 2019. 海洋島における野生化ヤギ駆除後の生態系の変化. 森林科学, **86**: 7–10.

㉒Abe, T., Yasui, T. & Makino, S. I. 2011. Vegetation status on Nishi–jima Island (Ogasawara) before

引用文献

【世界自然遺産の生態系】

雨の島のすごい照葉樹林

①江口 卓 2006. 雨の島の降雨特性.「世界遺産屋久島－亜熱帯の自然と生態系－」(大澤雅彦・田川日出夫・山極寿一編), 5–11. 朝倉書店, 東京.

②大澤雅彦 2006. 屋久島の森林植生帯.「世界遺産屋久島－亜熱帯の自然と生態系－」(大澤雅彦・田川日出夫・山極寿一編), 73–86. 朝倉書店, 東京.

③安田喜憲 1980. 環境考古学事始：日本列島2万年. 日本放送出版協会, 東京.

④宮脇 昭 2005. NHK知るを楽しむ: この人この世界 日本一多くの木を植えた男. 日本放送出版協会, 東京.

⑤服部 保・石田弘明・小舘誓治・南山典子 2002. 照葉樹林フロラの特徴と絶滅のおそれのある照葉樹林構成種の現状. ランドスケープ研究, **65**: 609–614.

⑥石田弘明 2020. 屋久島, 黒島, 口之島, 中之島に分布するシイ型照葉樹林の種組成および種多様性. 植生学会誌, **37**: 85–99.

⑦石田弘明・服部 保・黒田有寿茂・橋本佳延・岩切康二 2012. 屋久島低地部の照葉二次林に対するヤクシカの影響とその樹林の自然性評価. 植生学会誌, **29**: 49–72.

本州や九州と似ているけどちがう照葉樹林

①大野啓一 2005a.暖温帯の照葉樹林.「図説日本の植生」(福島司・岩瀬徹編著), 30–33. 朝倉書店, 東京.

②大野啓一 2005b.亜熱帯の照葉樹林.「図説日本の植生」(福島司・岩瀬徹編著), 20–21. 朝倉書店, 東京.

③宮脇 昭(編著) 1989. 日本植生誌沖縄・小笠原. 至文堂, 東京.

④川西基博 2016.奄美大島の河川に成立する植物群落の生態と多様性.「奄美群島の生物多様性 研究最前線からの報告」(鹿児島大学生物多様性研究会編), 17–29. 南方新社, 鹿児島.

⑤米田健 2016. 薩南諸島の森林.「奄美群島の生物多様性」(鹿児島大学生物多様性研究会編), 40–90. 南方新社, 鹿児島.

⑥松本 斉, 井上奈津美, 鷲谷いづみ 2020. 奄美大島における樹冠サイズ指数の 1960年代以降の歴史的変遷: 保全上重要な森林域との対応. 保全生態学研究, **25**(1): 1–17.

⑦Kikuchi, T. & Miura, O. 1993. Vegetation patterns in relation to micro-scale landforms in hilly land regions. Vegetatio, **106**: 147–154.

⑧Hara, M., Hirata, K., Fujihara, M. & Oono, K. 1996a. Vegetation structure in relation to micro-landform in an evergreen broad-leaved forest on Amami Ohshima Island, south-west Japan. Ecological Research **11**: 325–337.

⑨Hara, M., Hirata, K. & Oono, K. 1996b. Relationship between micro-landform and vegetation structure in an evergreen broad-leaved forest on Okinawa Island, S-W Japan. Natural History Research, **4**(1): 27–35.

⑩菊池多賀夫 2001. 地形植生誌. 東京大学出版会, pp220.

⑪Tamura, T. 2008. Occurrence of hillslope processes affecting riparian vegetation in upstream watersheds of Japan. In: Ecology of riparian forests in Japan (eds. Sakio, H. & Tamura, T.), 12-30. Springer, Tokyo.

⑫服部 保・栃本大介・南山典子・橋本佳延・沢田佳宏・石田弘明 2009.九州南部の照葉樹林における維管束着生植物の種多様性および種組成. 植物学会誌, **26**: 49–61.

⑬松本 斉・大谷雅人 ・鷲谷いづみ 2015. 奄美大島における保全上重要な亜熱帯照葉樹林の指標候補としての大径. 保全生態学研究, **20**: 147–157.

⑭堀田満 2004. 奄美群島の希少・固有植物種の分布地域について.鹿児島県立短期大学紀要 **55**: 1–108.

⑮環境省奄美野生生物保護センター https://kyushu.env.go.jp/okinawa/awcc/alien–species.html

⑯川西基博・酒匂春陽・相場慎一郎・藤田志歩・鵜川 信・榮村奈緒子・田金秀一郎・宮本旬子 2021. 世界自然遺産候補地奄美大島の森林における植物の種多様性と伐採履歴および微地形との関係. 自然保護助成基金助成成果報告書, **30**: 6–24.

おわりに

植生をとらえる研究者の汗からみえてきた自然のうごき

日本で暮らす楽しさは、国土のおよそ70％が森に覆われているという自然の豊かさに加えて、四季折々に自然が変化し、自然と文化が暮らしに生きていることでしょう。日本列島という海に囲まれた大地には、気候や地質を反映した、あるいは文化によって継承された多様で豊かな植生が広がっています。その一方、さまざまな要因による生物多様性の劣化、すなわち植生の多様性喪失も生じています。「大地を育む植生の多様性と脆弱性」を共有し、「この自然を100年後にも残したい」という研究者の思いが、『愛しの生態系』という一冊の本になりました。

森林のモニタリング調査をしていると、樹木サイズの増大、新たな木本や草本植物の発生・定着とそれらの枯死、後継樹木の欠落と成長、あるいは外来種の侵入など、森が刻々と変化していることに気づきます。さらには台風、火山活動、火入れ、ナラ枯れ、過密度シカ個体群といったさまざまな攪乱によって「自然は大きく動く」ことを実感します。「秋の野に咲きたる花を指折り……」と山上憶良が詠んだ「秋の七草」は、かつて河川敷や路傍など、身近な場所に生育していた植物ですが、フジバカマ、キキョウ、オミナエシなど、その多くが今や絶滅の危機に瀕しており、現代の河川敷にはアレチウリやシナダレスズメガヤといった外来種が繁茂しています。植物群落や植物群集レベルの植生をたどると、その地域の過去から現在までの環境が浮かび上がってきます。

植生を調査データからわかりやすく解説した書籍をつくりたいという構想は、ずいぶん以前から植生学会で共有されていましたが、なかなか実現に至りませんでした。そんな折、2021年に開催された「生物多様性条約第15回締約国会議」(COP15)の「昆明宣言」において、2030年までに生物多様性の損失を食い止め、回復させる「ネイチャーポジティブ」が発表され、2050年までに自然と共生する社会の実現を目標として生物多様性を保全することが世界で共有されました。そのゴールに向けて日本も「OECM（保護地域ではないが、生物多様性が保全されている地域）」を核として、陸と海のそれぞれ30％以上を健全な生態系として効果的に保全しようとする「30 by 30」

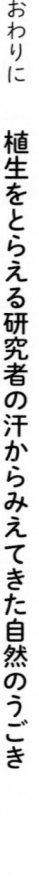

を掲げ、OECMを保全するための「自然共生サイト（仮称）」の認定制度が検討されています。また、気候変動がもたらす災害リスクに、生態系を活用した防災や減災（Eco-DRR）によって適応する社会が求められています。この機に、日本の植生をわかりやすく紐解き、植生が抱える課題とその保全につなげたいという思いから、この本を着想しました。

本書は大きく地域植生編と解説編の二部から構成されています。地域植生編では、気候や人のかかわりによって成立する地域植生として、常緑針葉樹林、中間温帯林、落葉広葉樹林、常緑広葉樹林、海岸から高山までの自然草原、そして火入れや放牧によって維持されている二次草原など30地点をとりあげました。火山列島日本を代表する桜島がちょうど噴火したときでもあり、火山によって成立する植生変遷、そして日本の世界遺産を網羅するとともに、身近な茶草場やため池といった植生も含めました。厳選したとはいえ、わずか30地域では、日本の多様な植生を紐解くことは到底できません。第2弾が実現することを願っています。

解説編には、日本の植生、過去から現在までの長期的な植生変遷、植生に影響を与える攪乱と遷移、外来種に関する概説と、植生に関する用語解説を収録しました。折に触れて読んでいただければ幸いです。

この本を読みおわり、「あー、おもしろかった」という印象をもっていただけたなら、それは複雑で興味深い植生の動きを明らかにするために汗した研究者の思い（情emotion×智perspective）を読みとっていただいた瞬間なのかもしれません。

限られたページ数に納めるべく、地域を選定する作業は、楽しい反面かなり気が重い作業でもありました。そこで研究交流がある崎尾均氏と澤田佳宏氏にご協力いただき、30地点を選定しました。この本の構想をあと押しいただいた植生学会事務局メンバー、短期間での依頼にもかかわらず快くご執筆いただいた著者のみなさま、フィールド調査でご協力いただいたみなさま、本誌に資料や写真を提供いただいたみなさま、そして書籍発刊に寄金を託された会員の故亀井裕幸氏に心より感謝いたします。文一総合出版編集部の菊地千尋氏には、植生学の世界と自然の動きを、一般の方にどう伝えるかという点への示唆をいただきました。菊地氏とは2013年に発行した『シカの脅威と森の未来』以来のタッグです。氏のセンスによって本書が磨かれたことに感謝いたします。

前迫ゆり

謝辞

本書の発刊にあたって、次の方々にご協力をいただきました。記してお礼申し上げます。

「生きものの進化過程が見える乾性低木林」（p. 18～23）の草稿について清水善和氏と高山浩司氏に、「日本に砂漠？」（p. 110～115）の草稿について臼井香苗氏に、「茅を育て、文化を守り伝える草原」（p. 182～187）の草稿について松澤朋典氏（株式会社小谷屋根）、「高山のお花畑　植物たちの逃避地」の草稿について中村幸人氏に、それぞれ有益なご助言いただいた。

藤田志歩氏・鈴木真理子氏（p. 13，アマミノクロウサギ）、清水寛厚氏（p. 59），横地 穣氏（p. 134）、江間 薫氏（p. 158～163）、大窪久美子氏（p. 212）、稗田真也氏（p. 212）、坂田ゆず氏（p. 212）より、写真のご提供をいただいた。

福嶋司先生と塚田松雄先生（故人）に、「日本の植生の過去・現在・未来」（p. 200 ～ 205）での図の利用をご快諾いただいた。

「道東湿原めぐり」（p. 128～133）に環境省生物多様性センターモニタリングサイト1000事業、NPO法人霧多布湿原ナショナルトラスト、釧路市立博物館より、「仙台城の御裏林・青葉山」（p. 98～103）に東北大学学術資源研究公開センター植物園より、「棚田の畦畔を彩る植物」（p. 160～165）に江間 薫氏より、資料のご提供をいただいた。

「オオミズナギドリと島の森」（p. 170～175）で海上自衛隊 舞鶴地方総監部に、「文化を育む照葉樹林とシカの葛藤」に奈良県奈良公園室（p. 140～145）より、野外調査へのご協力をいただいた。

広岡佐和子氏には図（p. 196植生図）を制作していただいた。

愛《いと》しの生態系《せいたいけい》　研究者《けんきゅうしゃ》とまもる「陸《りく》の豊《ゆた》かさ」
植生学会《しょくせいがっかい》 編　前迫《まえさこ》ゆり 責任編集
〔書籍編集プロジェクト：崎尾 均，澤田佳宏，前迫ゆり〕

2023年3月30日　初版第1刷　発行

デザイン｜アートディレクション：棚橋 早苗　デザイン：西中 賢
発行者｜斉藤 博
発行所｜株式会社 文一総合出版
〒162-0812 東京都新宿区西五軒町2-5
電話｜03-3235-7341
ファクシミリ｜03-3269-1402
郵便振替｜00120-5-42143
印刷・製本｜奥村印刷株式会社

定価はカバーに表示してあります。
乱丁、落丁はお取り替えいたします。

ISBN978-4-8299-7109-3
NDC471 A5判　148×240 mm　240ページ